智能系统与技术丛书

OpenCV Android 开发实战

贾志刚 著

机械工业出版社
China Machine Press

图书在版编目（CIP）数据

OpenCV Android 开发实战 / 贾志刚著 . —北京：机械工业出版社，2018.6（2021.2 重印）
（智能系统与技术丛书）

ISBN 978-7-111-60140-1

I. O… II. 贾… III. 移动终端 – 应用程序 – 程序设计 IV. TN929.53

中国版本图书馆 CIP 数据核字（2018）第 113043 号

OpenCV Android 开发实战

出版发行：机械工业出版社（北京市西城区百万庄大街 22 号 邮政编码：100037）
责任编辑：张梦玲 责任校对：殷 虹
印 刷：北京建宏印刷有限公司 版 次：2021 年 2 月第 1 版第 3 次印刷
开 本：186mm × 240mm 1/16 印 张：14.75
书 号：ISBN 978-7-111-60140-1 定 价：59.00 元

凡购本书，如有缺页、倒页、脱页，由本社发行部调换
客服热线：（010）88379426 88361066 投稿热线：（010）88379604
购书热线：（010）68326294 88379649 68995259 读者信箱：hzit@hzbook.com

PREFACE

前　言

为什么要写这本书

2015年，我出版了第一本图像处理方面的图书《Java数字图像处理：编程技巧与应用实践》[⊖]，该书主要讲述图像处理的各种基础算法原理与代码实现，基于Java语言进行描述，没有太多的工程应用实践案例，是一本编程实践入门级的图像处理图书。因此我一直想再写一本工程实践性比较强的图书，Java与Android程序员可以通过这样的书籍，摆脱底层算法实现难的烦恼，快速学习相关API的使用，掌握常见的图像处理技术，快速开发应用，上手计算机视觉应用开发；他们通过学习与参照书中的工程实践案例，可以解决实际需求，提升个人竞争力，为企业和个人在短时间内创造更大的价值。

OpenCV作为一款开源的计算机视觉框架，封装了超过1000个常见的图像处理算法，其SDK语言支持Java、C++、Python等。借助人工智能兴起的东风，近几年OpenCV开发者社区的发展非常迅速，人数成几何级递增，而且已经对Android系统有了良好的支持与完备的SDK开发接口。在无须了解底层算法实现的情况下，借助OpenCV提供的SDK，Android开发者可以实现OCR识别、图像处理、人脸检测、相机校正、实时视频分析与处理、AR增强等移动端应用开发。

对大多数Android开发者来说，OpenCV与计算机视觉应用开发都可能显得有点陌生，因为市面上缺乏专业的工程性书籍与文档，OpenCV社区对Android SDK本身也没

⊖ 该书由机械工业出版社出版，书号为ISBN 978-7-111-51946-1。——编辑注

有提供完善的 API 文档与代码演示，这让很多 Android 程序员无法顺利使用 OpenCV 框架在移动端开发计算机视觉相关的应用。本书系统性地讲述 OpenCV 如何在 Android 系统上应用开发与工程实践，撰写本书的时候，因为 OpenCV 的很多 API 调用参数缺少文档说明，因此笔者需要通过编程实践一点一点全部尝试之后再总结出来，用实践出真知来形容本书一点也不过分。笔者本人是个地道的程序员，特别理解和了解程序员的视角与工程应用的重点和难点，本书从程序员的视角出发，在思路分析与代码实现上，对每个案例都做了非常清楚的交代与解释，对不同算法函数的应用场景都有详细的代码演示。本书最后三个案例分别涉及 OCR 识别、人脸美颜算法、视频检测与跟踪渲染这些实际落地场景，这三个案例是笔者本人精心挑选的，涵盖了大多数 Android 开发者的工程实践需求与工作需要，力求做到尽善尽美，然“人无完人，金无足赤”，最终还需读者评价。

如果说我的第一本书是对我十年工作的总结，那么本书就是我十年之后再出发的征途起点，“远飞者当换其新羽”，对广大 Android 与 Java 程序员来说，处在人工智能时代，掌握前沿技术，更新自己的技术栈，提升个人竞争力，计算机视觉与 OpenCV 就是个很好的方向与选择。作为技术人员唯有鼎故革新、砥砺前行，才能不负这个最好的时代，本书也是献给广大 Android 与 Java 程序员最好的礼物。

最后，希望通过本书的知识和作者有限的经验，帮助广大 Android 与 Java 程序员，以及众多有志于从事计算机视觉的后来者，借助 OpenCV 框架走上计算机视觉应用开发的道路。本书的顺利出版离不开笔者对 OpenCV 与计算机视觉技术的兴趣，更离不开笔者的毅力与本书写作初衷。希望本书能为国内 OpenCV 框架使用的普及与应用开发实践尽绵薄之力，若能如愿也不枉我的一番努力。

读者对象

本书适合于以下读者对象。

- 广大 Android 与 Java 程序员。
- 从事图像处理的工作者。

- 学习图像处理的爱好者。
- 希望提升自我的中高级程序员。
- 计算机专业高年级本科生或者研究生。
- 从事图像处理行业的公司与个人。
- 开设图像处理相关课程的大专院校学生。

如何阅读本书

本书共分为两大部分，其中第一部分为第1章到第7章，系统地介绍了OpenCV Android的开发框架及功能。第二部分是本书的案例部分，系统全面地分析了三个实际案例，讲解如何借助OpenCV框架解决实际问题。如果你已经对Java语言和Android系统上的SDK开发有基本的认识，那么可以直接开始阅读本书，书中的源代码也是本书的一部分，建议在阅读本书内容的同时，尝试运行与修改本书提供的源代码，这样有助于更加深刻地理解与之相关的API参数与算法应用场景。

第一部分为基础篇，由浅入深，从OpenCV框架的简单介绍到OpenCV与Android SDK、NDK的编程应用，系统全面地介绍了OpenCV在移动领域的应用、OpenCV中的核心模块、图像处理模块、特征提取与对象检测模块等。读者在学习与掌握OpenCV相关API用法的前提下可以学习第二部的实战案例。

第二部分为实战案例部分，由OCR识别、人脸美颜、人眼实时跟踪与渲染三个典型案例组成。通过案例学习，读者将学会如何设计算法流程、使用组合算法API、关注应用的性能与内存问题，以及NDK开发技巧、其他图像处理开发相关API的使用技巧。

此外，本书的源文件可到www.hzbook.com上搜索本书书名下载，或者到Github上下载本书演示工程，网址为https://github.com/gloomyfish1998/opencv4android/tree/master/samples/OpencvDemo。

本书参考资料也可从Github上下载，网址为https://github.com/gloomyfish1998/opencv4android。

勘误和支持

由于笔者的水平有限，编写的时间也很仓促，书中难免会出现一些错误或者不准确的地方，不妥之处在所难免，恳请读者批评指正。笔者已经把本书配套的源代码上传到 Github，访问地址为 https://github.com/gloomyfish1998/opencv4android/tree/master/samples/OpencvDemo，如果有读者想直接提交勘误代码，请先邮件联系笔者，笔者同意以后即可提交，同时笔者也会根据读者反馈更新源代码，所以在阅读本书之前请先从 Github 上获取最新的配套源代码。如果你有更多的宝贵意见，也欢迎发送邮件至邮箱 57558865@qq.com，很期待听到你们的真挚反馈。

致谢

OpenCV 能有今天的发展，首先要感谢英特尔当时的开源决策，其次是 OpenCV 社区的巨大贡献，我第一次接触 OpenCV 就被它的开发效率吸引住了，可以说 OpenCV 是计算机视觉应用开发最好用的工具之一，特别是 OpenCV3.0 以后的版本，非常容易学习，所以要感谢那些为 OpenCV 做出过贡献的杰出开发者。在我写作本书的时候，机械工业出版社华章公司的编辑杨绣国老师一直没有向我催稿，反而告诉我要安心创作，认真细致，后期审稿的时候也是逐字逐句推敲，反复修改，感谢你的耐心与严谨，正是你的鼓励、帮助和支持引导我顺利完成本书撰写。

最后感谢我的爸爸、妈妈，感谢你们给予我生命，将我培养成人，感谢我的妻子在我写书的这一年多时间里让我从家务中解脱，给予我支持与鼓励。

谨以此书，献给我最亲爱的两个孩子，以及众多热爱 OpenCV 编程的朋友。

贾志刚
中国，苏州，2018 年 3 月

CONTENTS

目　　录

第一部分

OpenCV 图像处理系统学习篇

第一部分为基础篇，由浅入深、从 OpenCV 框架的简单介绍到 OpenCV 与 Android SDK、NDK 的编程应用、系统全面地介绍了 OpenCV 在移动领域的应用、OpenCV 中的核心模块、图像处理模块、特征提取与对象检测模块等。读者在学习与掌握 OpenCV 相关 API 用法的前提下可以开始学习第二部的实战案例。

CHAPTER 1

第 1 章

OpenCV Android 开发框架

在开始本书内容之前，笔者假设大家已经有了面向对象语言编程的基本概念，了解了 Java 语言的基本语法与特征，并且尝试过 Android 平台上的应用程序开发。本章将主要介绍 OpenCV 的历史与发展、各个模块的功能说明、如何使用 Android Studio IDE 来建立 OpenCV 的开发环境，以及如何整合配置并成功运行和调用 OpenCV 中的函数实现一个最简单的 OpenCV 程序演示。如果没有特别说明，那么这里使用的 OpenCV 版本都是基于 OpenCV 3.3 Android SDK。

作为使用最为广泛的计算机视觉开源库，OpenCV 在开源社区与英特尔、谷歌等大公司的共同努力之下，发展到今天，已经吸引了全世界各地的开发者编译和使用它实现各种应用程序。而伴随着人工智能时代的到来，作为人工智能眼睛的计算机视觉必然会进一步释放活力，满足市场需要。OpenCV 作为计算机视觉开源框架，其在移动端支持 Android 系统的特性必将进一步深入到移动开发的各种应用场景之中，下面就来开启一段 OpenCV 学习旅程。

1.1 OpenCV 是什么

OpenCV 的中文全称是源代码开放的计算机视觉库（Open Source Computer Vision Library），是基于 C/C++ 编写的，是 BSD 开源许可的计算机视觉开发框架，其开源协议允许在学术研究与商业应用开发中免费使用它。OpenCN 支持 Windows、Linux、Mac OS、iOS 与 Android 操作系统上的应用开发。在笔者动笔写这本书的时候，其最新版本 3.3 刚刚发布不久。

1.1.1 OpenCV 的历史与发展

在 OpenCV 孕育发展的过程中，Intel 公司做出了巨大的贡献，OpenCV 最初是 Intel 公司的内部项目，随着时间的推移、OpenCV 的功能算法得到不断的优化与增强，不过是短短十几年的时间，其已经席卷整个业界，得到众多著名 IT 公司的大力支持，其中包括大名鼎鼎的机器人公司 Willow Garage 与搜索引擎公司 Google。下面的时间节点对 OpenCV 的发展都产生过重要影响，具体如下。

- 1999 年，OpenCV 正式立项，那个时候 Android 智能手机的春天还没有到来。
- 2000 年，在 IEEE 的计算机视觉与模式识别大会上 OpenCV 正式发布 Alpha 版本。
- 2001 年～ 2005 年，Intel 公司陆续发布了最初的 5 个 Beta 测试版本。
- 2006 年，OpenCV1.0 版本正式发布，基于 C 语言接口 SDK 调用。
- 2008 年，OpenCV 获得了当时发展如日中天的机器人公司 Willow Garage 的支持、得到了进一步推广，然而不幸的是，作为机器人业界的传奇公司 Willow Garage 却在 2014 宣布倒闭。
- 2009 年，OpenCV2.0 版本正式发布，这是 OpenCV 发展史上的一个重要里程碑，早期的 OpenCV 是基于 C 语言实现的，在 2.0 的版本中又添加了 C++ 接口，并且对原来的 C 语言代码进行了优化和整合，以期吸引更多的开发者用户。
- 2012 年，Intel 公司决定把 OpenCV 开发者社区正式交给开源社区 opencv.org 运营与维护。
- 2014 年，OpenCV3.0 版本发布。
- 2016 年，OpenCV3.1 与 OpenCV3.2 版本相继发布，其扩展模块支持集成 Google TensorFlow 深度学习框架。
- 2017 年，OpenCV3.3.x 版本发布，在 Release 开发包中增加了 DNN（深度神经网络）模块支持。

OpenCV 支持 Java 语言开发的 Android SDK 最早是始于 2010 年。在 OpenCV3.x 版本中，OpenCV 更加强调对移动端与嵌入式设备的支持。

（1）编程语言

OpenCV 中的这些模块大多数都是基于 C/C++ 完成的，少量的 SDK 接口模块使用 Java、Python 等语言开发。在最新开发的 OpenCV 的核心模块中，C++ 替代 C 成为了开发语言。

（2）应用领域

OpenCV 自从 1.0 版本发布以来，立刻吸引了许多公司的目光，被广泛应用于许多领域的产品研发与创新上，相关应用包括卫星地图与电子地图拼接，医学中图像噪声处理、对象检测，安防监控领域的安全与入侵检测、自动监视报警，制造业与工业中的产品质量检测、摄像机标定，军事领域的无人机飞行、无人驾驶与水下机器人等众多领域。

1.1.2　OpenCV 模块介绍

OpenCV 分为正式的发布版本与扩展模块，Android SDK 所对应的是 OpenCV 的发布版本，其扩展模块的功能可以通过源代码编译的方式进行集成与开发，关于扩展模块的编译与使用已经超出了本书的讨论范围，这里就不再赘述了。下面以 OpenCV3.3 为例，OpenCV 正式发布版本中包含的核心功能模块具体如下。

- 二维与三维特征工具箱
- 运动估算
- 人脸识别
- 姿势识别
- 人机交互
- 运动理解
- 对象检测
- 移动机器人

- ❑ 分割与识别
- ❑ 视频分析
- ❑ 运动跟踪
- ❑ 图像处理
- ❑ 机器学习
- ❑ 深度神经网络

除上所述的核心功能模块之外，其扩展模块更加的庞大与繁杂。OpenCV Android SDK 可以从其官方主页上下载获得，下载地址为：http://opencv.org/opencv-3-3.html，在最下面就可以发现 Android SDK 的下载链接，点击就可以直接去相关页面上下载最新的 Android SDK。

1.1.3　OpenCV Android SDK

OpenCV Android SDK 本质上是使用 Java 语言接口通过 JNI 技术调用 OpenCV C/C++ 代码完成的算法模块。OpenCV4Android 本身并不是一个纯 Java 语言的计算机视觉库，而是基于 OpenCVC++ 本地代码、通过 Java 语言接口定义，基于 JNI 技术实现调用 C++ 本地方法的 SDK 开发包。所以当你下载好 OpenCV Android SDK 之后，在它的 SDK 目录下可以看到如图 1-1 所示的目录结构。

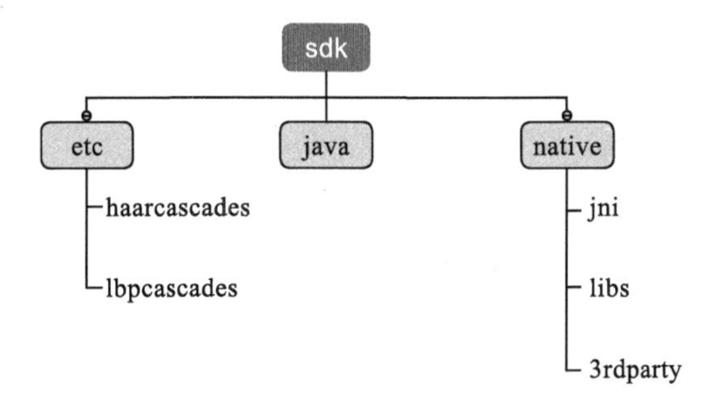

图　1-1

其中，etc 目录里面有两个文件夹，里面都是一些 XML 数据文件，这些 XML 数据是训练好的 HAAR 与 LBP 级联分类器数据；java 目录里面是 Android SDK 相关文件；native 里面则是基于 C/C++ 编译好的 OpenCV Android 平台支持的本地库文件、JNI 层开发所需要的头文件及 cmake 文件，其中库文件大多数以 *.a 和 *.so 结尾。而在与 SDK 同层级的 samples 目录中则包含了 OpenCV Android SDK 的一些应用案例教程，以供初学者参考，但是很不幸的是，直到今天为止，这些教程仍然还是基于 Eclipse 开发环境来演示 OpenCV 功能，不得不说这是一个小小的缺憾，希望 OpenCV 社区在后面的 Open CV 版本中能够更新这些教程，使其基于 Android Studio 来演示。

此外，OpenCV Android SDK 的功能与 OpenCV 对应发布版本中的功能完全相同，唯一不同的是因为 Java 语言的关系，Java 层封装的接口的参数传递和方法调用，与 C++ 的接口相比有一些差异，这些都是为了更适应 Java 语言的特性而做出的改动，使得 Android 开发者更加容易学习与使用 OpenCV 来解决问题。

1.2　OpenCV Android 开发环境搭建

当 OpenCV 遇到 Android 时，两者就通过 Java SDK 或者 Android NDK 很好地结合在一起了，可是对于广大 Android 开发者或者 OpenCV 开发者来说，要想成功地在 Android Studio 上运行一个类似于 Hello World 的 OpenCV 程序，还需要做一些工作，下面就一起来完成这些工作，实现开发环境的搭建。

1.2.1　软件下载与安装

在搭建开发环境之前，首先需要下载和安装如下几个软件开发包。

- OpenCV Android SDK 3.3 版本
- JDK8：64 位
- Android Studio
- Android SDK 与 NDK 开发包

这里需要特别说明一下的是，首先应该安装好 JDK，之后再下载安装其他的软件开发包，全部下载安装完毕之后，就可以打开 Android Studio——Android 集成开发环境（IDE），配置好 Android SDK 的路径之后，Android Studio（IDE）工具就可以正常使用了。

所下载的 OpenCV Android SDK 3.3 是一个安装包，只要解压缩到指定磁盘即可，双击解压缩好的目录就可以看到 1.1.3 节中提到的几个目录与层次结构。在本书最后的案例开发中会涉及与使用 NDK 的开发包，这里暂时只要将其安装好即可。

版本问题

使用 Android Studio 与 Android SDK、NDK 开发时，同样的代码在不同的版本上运行可能会出现一些兼容性问题。因为项目实际需要或者个人偏好，大家使用的版本可能不尽相同，这里说一下本书所用的版本，具体如下。

- Android Studio 3.0
- Android SDK 26
- Android NDK r13b

1.2.2　环境搭建

环境搭建的整个过程可以分为如下四步。

1. 新建 Android 项目

打开 Android Studio IDE，选择【 File 】→【 New Project... 】，结果如图 1-2 所示。

把项目默认名称修改为 OpencvDemo，然后点击【 Next 】按钮，结果如图 1-3 所示。

这里支持的最小版本是 Android 14（Android 4.0 版本），继续点击【 Next 】按钮，结果如图 1-4 所示。

默认选择 Emtpy Activity，点击【 Next 】→【 Finish 】，之后就会得到一个新建的默认 Android 版本的 Hello World 程序，如果一切顺利的话，就可以真机运行，查看效果。

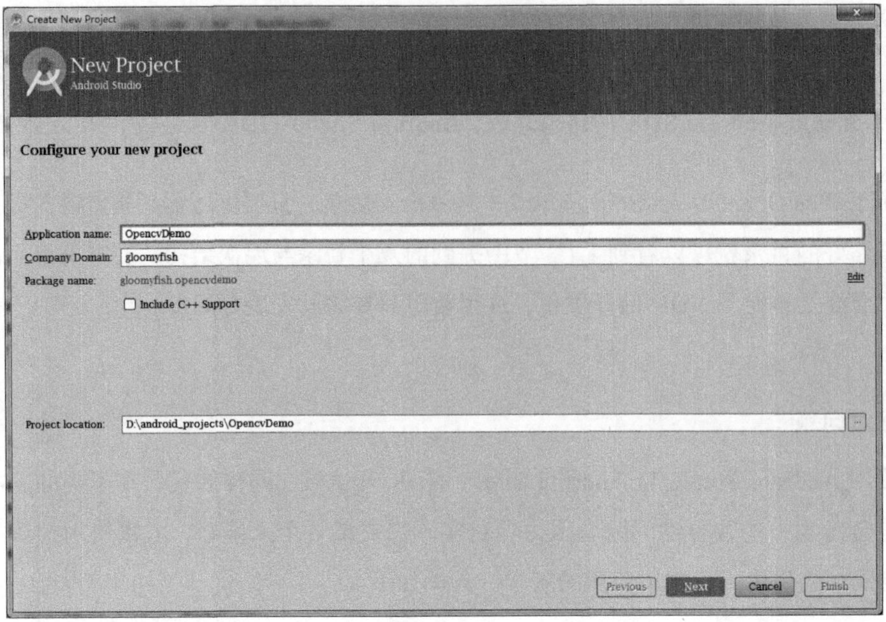

Create New Project
New Project
Android Studio
Configure your new project
Application name: OpencvDemo
Company Domain: gloomyfish
Package name: gloomyfish.opencvdemo
Edit
Include C++ Support
Project location: D:\android_projects\OpencvDemo
Previous
Next
Cancel
Finish

图 1-2

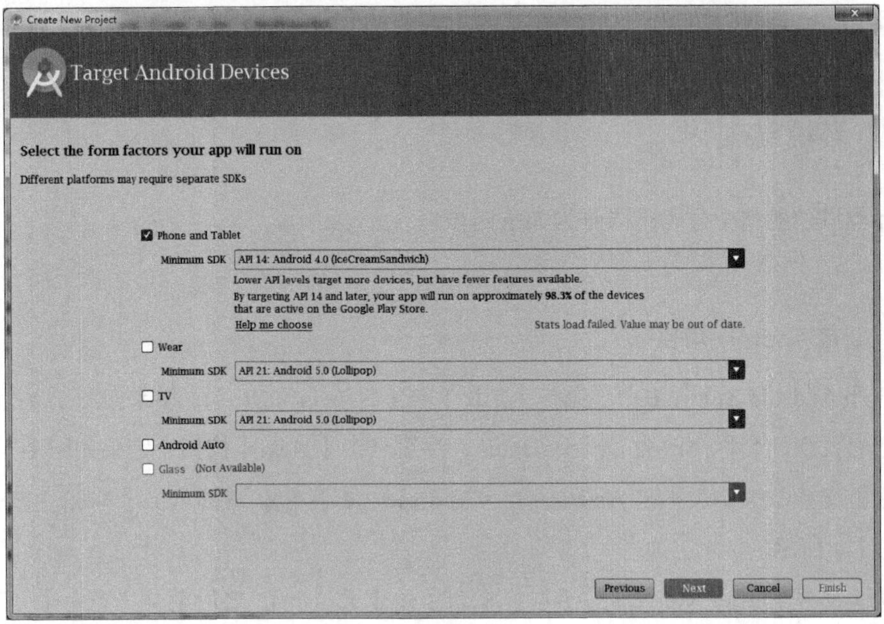

Create New Project
Target Android Devices
Select the form factors your app will run on
Different platforms may require separate SDKs
Phone and Tablet
Minimum SDK API 14: Android 4.0 (IceCreamSandwich)
Lower API levels target more devices, but have fewer features available.
By targeting API 14 and later, your app will run on approximately 98.3% of the devices
that are active on the Google Play Store.
Help me choose
Stats load failed. Value may be out of date.
Wear
Minimum SDK API 21: Android 5.0 (Lollipop)
TV
Minimum SDK API 21: Android 5.0 (Lollipop)
Android Auto
Glass (Not Available)
Minimum SDK
Previous
Next
Cancel
Finish

图 1-3

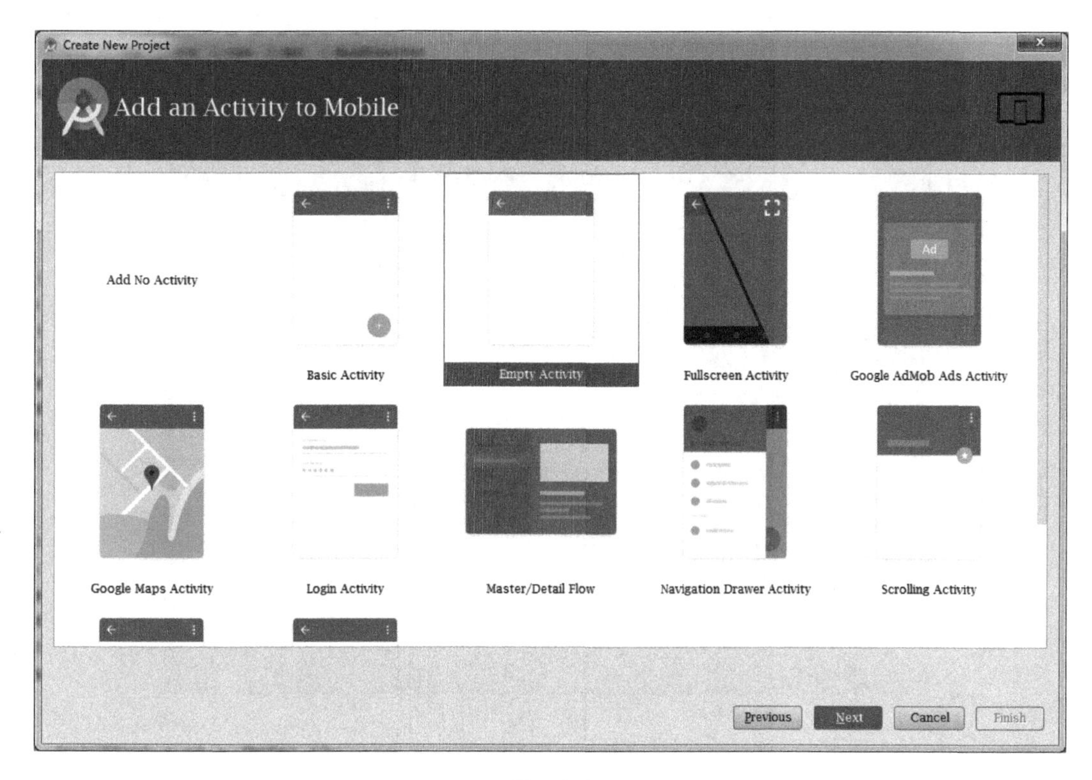

图　1-4

2. 导入 OpenCV Android SDK 依赖项

选择【 File 】→ [New...] →【 Import Module... 】，打开对话框之后，选择解压缩好的 OpenCV Android SDK 目录中的 sdk\java，模块名称会自动显示出当前 OpenCV 的版本信息，如图 1-5 所示。

点击【 Next 】→【 Finish 】，完成导入。然后再选择【 File 】→【 Project Structure... 】打开依赖项添加对话框，选择最右侧的【 + 】按钮，完成添加之后如图 1-6 所示。

点击【 OK 】按钮，结束。

3. 复制本地依赖项 OpenCV 库文件

把目录结构导航从【 Android 】切换到【 Projects 】，如图 1-7 所示。

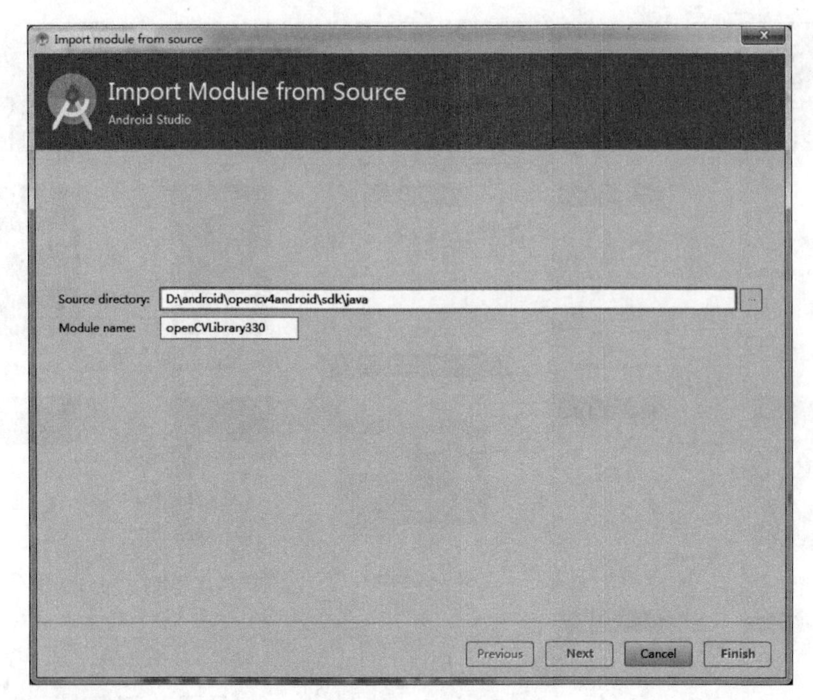
Import module from source
Import Module from Source
Android Studio
Source directory:
D:\android\opencv4android\sdk\java
Module name:
openCVLibrary330
Previous
Next
Cancel
Finish

图　1-5

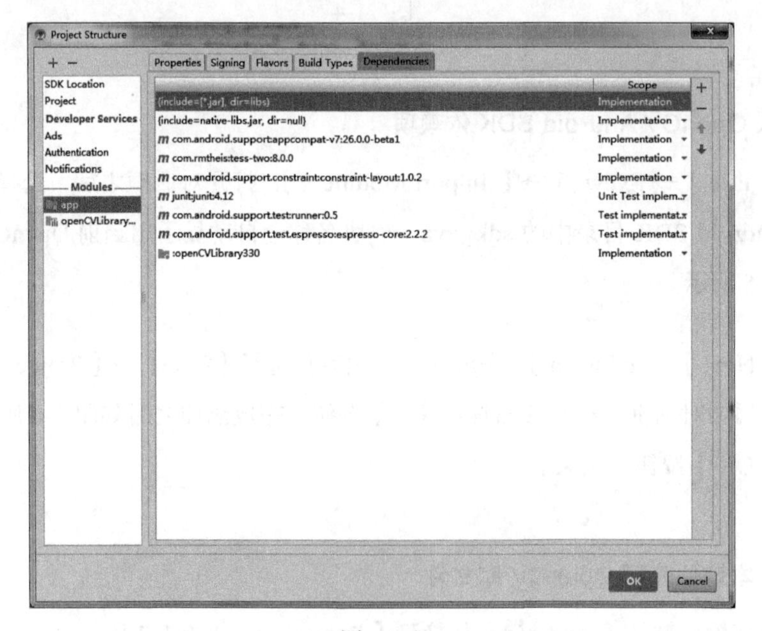
Project Structure
SDK Location
Project
Developer Services
Ads
Authentication
Notifications
Modules
app
openCVLibrary...
Properties
Signing
Flavors
Build Types
Dependencies
Scope
{include=[*.jar], dir=libs}
Implementation
{include=native-libs.jar, dir=null}
com.android.support:appcompat-v7:26.0.0-beta1
com.rmtheis:tess-two:8.0.0
com.android.support.constraint:constraint-layout:1.0.2
junit:junit:4.12
Unit Test implem...
com.android.support.test:runner:0.5
Test implementat...
com.android.support.test.espresso:espresso-core:2.2.2
:openCVLibrary330
OK
Cancel

图　1-6

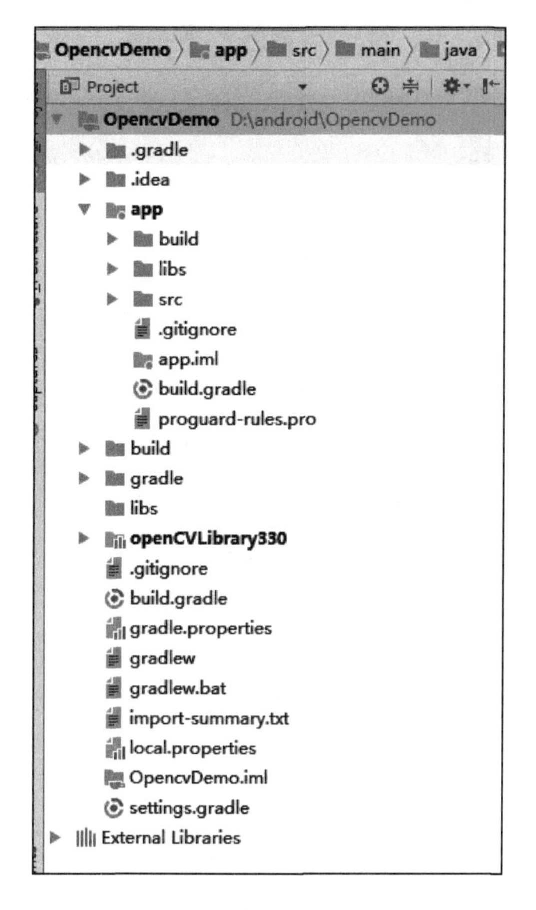

图　1-7

选择 app 下面的 libs，然后把 OpenCV Android SDK 目录 native\libs 下面的所有文件与文件夹全部复制到 libs 中去，最后删除所有以 *.a 结尾的文件。

4. 修改 Gradle 脚本与编译

在 Android Studio 中双击打开如下两个 Gradle 脚本，如图 1-8 所示。

把两个脚本中的 minSdkVersion 修改为 14、targetSdkVersion 修改为 26，然后保存，如图 1-9 所示。

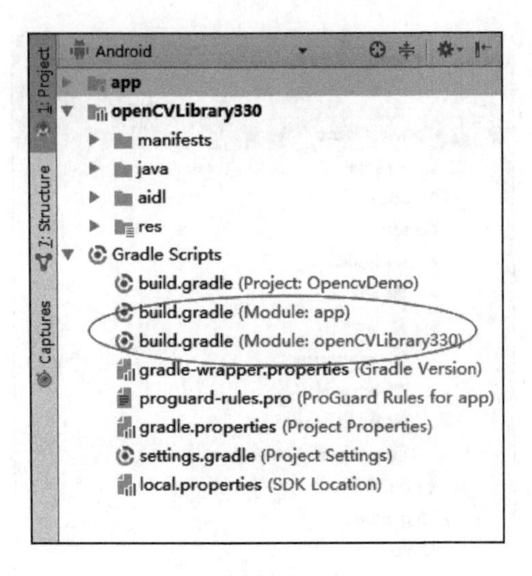

图　1-8

```
android {
    compileSdkVersion 26
    defaultConfig {
        applicationId "gloomyfish.opencvdemo"
        minSdkVersion 14
        targetSdkVersion 26
```

图　1-9

在 Module：app 对应的 build.gradle 脚本中添加如下内容：

```
task nativeLibsToJar(type: Jar, description: 'create a jar archive of the native libs') {
        destinationDir file("$buildDir/native-libs")
        baseName 'native-libs'
        from fileTree(dir: 'libs', include: '**/*.so')
        into 'lib/'
    }

    tasks.withType(JavaCompile) {
        compileTask -> compileTask.dependsOn(nativeLibsToJar)
    }
```

然后在编译片段添加如下代码：

```
    implementation fileTree(dir: "$buildDir/native-libs", include: 'native-libs.
jar')
```

保存最终修改好的 Gradle 文件即可。选择【 build 】→【 clean project 】，之后再选择【 rebuild project 】就完成了整个环境变量的配置与编译。可是环境变量配置得是否正确，我们还不能做到心中有数，所以下面通过一个简单的测试程序来验证一下环境配置。

1.2.3 代码测试

为了验证 Android Studio 的环境配置是否正确，需要调用一下 OpenCV 的相关 API，把一张彩色图像转换为灰度图像，借此来验证 Android 平台上的 OpenCV SDK 是否可以正确调用。因此首先要实现图像显示，在 Android 中，可以通过 XML（activity_main.xml）配置文件选择 ImageView 元素来实现，还需要一个按钮来响应用户操作，这可以通过添加 Button 元素来实现。在 RelativeLayout 中，两个元素对应的 XML 显示如下：

```
<Button
    android:layout_width="wrap_content"
    android:layout_height="wrap_content"
    android:id="@+id/process_btn"
    android:text=" 灰度 "/>
<ImageView
    android:layout_width="match_parent"
    android:layout_height="match_parent"
    android:scaleType="fitCenter"
    android:id="@+id/sample_img"
    android:src="@drawable/lena"
    android:layout_centerInParent="true"/>
```

在代码层面实现图像资源的加载，然后交给 OpenCV 处理，之后的返回结果显示可以由如下 3 个步骤来实现。

1）首先加载 OpenCV 的本地库，代码如下：

```
private void iniLoadOpenCV() {
    boolean success = OpenCVLoader.initDebug();
    if(success) {
        Log.i(CV_TAG, "OpenCV Libraries loaded...");
    } else {
```

```
            Toast.makeText(this.getApplicationContext(),
                "WARNING: Could not load OpenCV Libraries!",
                Toast.LENGTH_LONG).show();
        }
    }
```

2）对按钮加上 OnClickListener 事件响应，代码如下：

```
Button processBtn = (Button)this.findViewById(R.id.process_btn);
processBtn.setOnClickListener(this);
```

3）在事件响应方法进行处理并显示结果，代码如下：

```
@Override
public void onClick(View v) {
    Bitmap bitmap = BitmapFactory.decodeResource(
                    this.getResources(), R.drawable.lena);
    Mat src = new Mat();
    Mat dst = new Mat();
    Utils.bitmapToMat(bitmap, src);
    Imgproc.cvtColor(src, dst, Imgproc.COLOR_BGRA2GRAY);
    Utils.matToBitmap(dst, bitmap);
    ImageView iv = (ImageView)this.findViewById(R.id.sample_img);
    iv.setImageBitmap(bitmap);
    src.release();
    dst.release();
}
```

需要注意的是，在 MainActivity 中，需要完成接口 View.OnClickListener，这样才能保证按钮事件的正确响应。可以在手机上看到运行完整代码的效果。

注意：书中所有完整的源代码都可以在 Github 上下载，强烈建议运行每个源代码实例，将源代码看作本书的一部分。

1.3　构建演示 APP

本节将尝试构建一个用来演示本书所讲内容的 APP，希望在其中可以按章节来索引各章节的相关功能演示。在 UI 设计层面，首先需要设计一个流程，实现从主界面选择各章，然后到对应的各节的代码演示。该流程如图 1-10 所示。

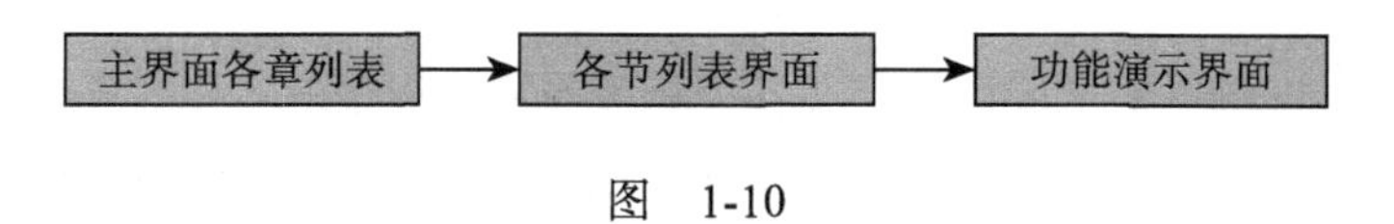

图　1-10

根据上述的流程可知，我们所需要的界面功能与元素如表 1-1 所示。

表　1-1

界面编号	界面元素	界面功能
1	ListView 页面	显示本书每一章的标题
2	ListView 页面	显示每章中每个演示程序的标题
3 ～ N	演示需要的页面元素	代码运行演示

根据表 1-1 所述的 UI 设计与程序流程，在启动程序之后，首先选择所在章节，然后选择相关的演示程序进行查看，这样的 APP 结构有利于集成每章相关的演示程序。根据 1.2 节的内容，我们首先需要在 layout 目录下创建两个 XML 文件作为界面 2 与界面 3，然后还需要将 activity_main.xml 文件中添加的 ImageView 与 Button 元素移到界面 3 中，在 activity_main.xml 中添加一个 ListView 元素作为界面 1。这一切做好之后，再来看一下 activity_main.xml 中的 ListView XML 显示：

```
<ListView
    android:layout_width="match_parent"
    android:layout_height="match_parent"
    android:id="@+id/chapter_listView"/>
```

做好了 XML 界面编程之后，需要创建如图 1-11 所示的几个类与包，它们之间的关系通过类图显示。

图 1-11 中各个类的功能说明具体如下。

- MainActivity：第一个界面，显示本书的 10 个章标题列表。
- SectionsActivity：第二个界面，显示各章对应的演示程序。
- CharpteFrist1Activity：第三个界面，这里是第 1 章的演示程序，以后各章会创建属于自己的演示程序。

- ItemDto：列表的每个条目对应的数据类。
- ChapterUtils：工具类，可以获取章节列表。
- AppConstants：常量接口，定义各个章节与演示程序的名称。
- SectionsListViewAdaptor：Android ListView 元素对应的数据模型。

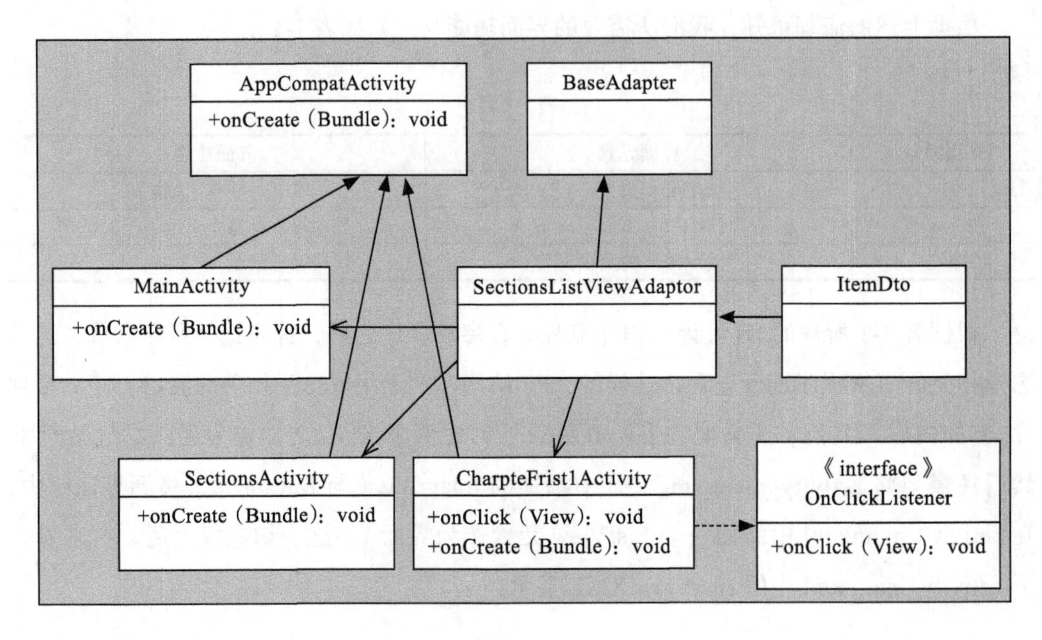

图　1-11

首先要实现 ListView 的显示且选择事件响应，在事件响应中实现 View 跳转到指定页面。其中 ListView 的初始化代码如下：

```
    private void initListView() {
        ListView listView = (ListView) findViewById(R.id.chapter_listView);
        final SectionsListViewAdaptor commandAdaptor = new SectionsListViewAdaptor
(this);
        listView.setAdapter(commandAdaptor);
        commandAdaptor.getDataModel().addAll(ChapterUtils.getChapters());
        listView.setOnItemClickListener(new AdapterView.OnItemClickListener() {
            @Override
            public void onItemClick(AdapterView<?> parent, View view, int position,
long id) {
                ItemDto dot = commandAdaptor.getDataModel().get(position);
```

```
                goSectionList(dot);
            }
        });
        commandAdaptor.notifyDataSetChanged();
    }
```

以第一个界面到第二个界面的跳转为例，实现跳转的代码如下：

```
    private void goSectionList(ItemDto dto) {
        Intent intent = new Intent(this.getApplicationContext(), SectionsActivity.
class);
        intent.putExtra(AppConstants.ITEM_KEY, dto);
        startActivity(intent);
    }
```

实现从第二个 Activity（SectionActivity）跳转到各个演示程序的功能，首先需要在 onCreate 方法中对每章内容的演示程序实现 ListView 显示与选择监听，这部分的代码如下：

```
    private void initListView(ItemDto dto) {
        ListView listView = (ListView) findViewById(R.id.secction_listView);
        final SectionsListViewAdaptor commandAdaptor = new SectionsListViewAdaptor
(this);
        listView.setAdapter(commandAdaptor);
         commandAdaptor.getDataModel().addAll(ChapterUtils.getSections((int)dto.
getId()));
        listView.setOnItemClickListener(new AdapterView.OnItemClickListener() {
            @Override
            public void onItemClick(AdapterView<?> parent, View view, int position,
long id) {
                String command = commandAdaptor.getDataModel().get(position).
getName();
                goDemoView(command);
            }
        });
        commandAdaptor.notifyDataSetChanged();
    }
```

然后在 goDemoView 方法中根据章节内容跳转到不同的演示程序 Activity 中，跳转到第 1 章的演示程序代码如下：

```
    if(command.equals(AppConstants.CHAPTER_1TH_PGM_01)) {
```

```
        Intent intent = new Intent(this.getApplicationContext(),
CharpteFrist1Activity.class);
        startActivity(intent);
    }
```

以后针对各章的内容，在此处添加相关的代码即可，这样就实现了代码的集成。本章完整的源代码可以参见上述提到的源代码文件。

1.4　拍照与图像选择

1.3 节中，我们成功地构建了一个演示本书内容的 APP 框架，这里还需要对其进行进一步的细化，因为我们发现该框架还没有拍照或者图像选择功能，无法提供测试图像来演示 OpenCV 代码的功能，所以本节在 1.3 节所示代码的基础之上，再加上拍照与图像选择的功能。在 Android 系统中显示图像，早期一直有一个很大的问题，尤其是对于大的 Bitmap 对象，常常会因为 DVM 内存的问题导致 OOM（Out of Momery）错误，开玩笑地说，做 Java 与 Android 开发如果没有遇到类似的问题，你出门都不好意思跟人打招呼。谷歌官方的做法是通过降采样使用 Bitmap 的微缩版图像，这里对选择的图像或者拍照所得图像的显示与处理依然沿用此策略。

1. 拍照

调用 Android 拍照功能，拍照并返回图像，代码如下：

```
Intent intent = new Intent(MediaStore.ACTION_IMAGE_CAPTURE);
fileUri = Uri.fromFile(getSaveFilePath());
intent.putExtra(MediaStore.EXTRA_OUTPUT, fileUri);
startActivityForResult(intent, REQUEST_CAPTURE_IMAGE);
```

2. 图像选择

调用 Android 图片浏览功能，选择一张图片，自动返回图像并显示，代码如下：

```
Intent intent = new Intent();
intent.setType("image/*");
```

```
    intent.setAction(Intent.ACTION_GET_CONTENT);
    startActivityForResult(Intent.createChooser(intent, "图像选择..."), REQUEST_
CAPTURE_IMAGE);
```

3. 加载大小合适的图像

首先获取图像的大小，然后得到图像的降采样版本，显示在 ImageView 对象元素中，杜绝 OOM 问题的发生，代码如下：

```
if(fileUri == null) return;
ImageView imageView = (ImageView)this.findViewById(R.id.sample_img);
BitmapFactory.Options options = new BitmapFactory.Options();
options.inJustDecodeBounds = true;
BitmapFactory.decodeFile(fileUri.getPath(), options);
int w = options.outWidth;
int h = options.outHeight;
int inSample = 1;
if(w > 1000 || h > 1000) {
    while(Math.max(w/inSample, h/inSample) > 1000) {
        inSample *=2;
    }
}
options.inJustDecodeBounds = false;
options.inSampleSize = inSample;
options.inPreferredConfig = Bitmap.Config.ARGB_8888;
Bitmap bm = BitmapFactory.decodeFile(fileUri.getPath(), options);
imageView.setImageBitmap(bm);
```

4. 处理与显示

调用 OpenCV4Android 的 API 对图像进行有目的的处理，处理之后返回处理后的图像并显示。这里我简单地改写一下前面的 OpenCV 测试程序，使用 OpenCV 的 imread 功能来读取图像，完成灰度转换并显示，代码如下：

```
Mat src = Imgcodecs.imread(fileUri.getPath());
if(src.empty()) {
    return;
}
Mat dst = new Mat();
Imgproc.cvtColor(src, dst, Imgproc.COLOR_BGR2GRAY);
Bitmap bitmap = grayMat2Bitmap(dst);
```

```
ImageView iv = (ImageView)this.findViewById(R.id.sample_img);
iv.setImageBitmap(bitmap);
src.release();
dst.release();
```

在拍照或者选择图像结束之后，回调 onActivityResult() 方法，对于照片，可以直接获得文件路径，而对于选择图像，则需要在回调处理中根据图像 ID 得到相关图像的正确文件路径。此外，这里还涉及后续章节中要详细解释的 Mat 对象与 Bitmap 对象。

本书后续章节的每个演示程序基本上都是基于这个顺序来实现的。而且如果没有特别的说明与支持，那么本书所有的图像都是 RGB 色彩空间、相关的拍照与图像选择代码会在本书后续章节中重复使用，后续章节针对这部分代码将不再重复讲述，主要的篇幅会放在 OpenCV4Android 相关知识的讲解与学习上。

注意： 这里把加载 OpenCV 库文件放到了主界面对应的 onCreate 方法中去调用，这样就避免了到处加载 OpenCV 库文件的烦恼，同时有助于减少程序的代码量。

1.5　小结

本章主要介绍了 OpenCV 的历史与发展、相关功能模块、开发环境搭建，以及为了后续更好地学习本书知识所做的一些必要的 Android 知识铺垫、测试程序框架设计与编码实现。有了这些基础，读者才可以更好地学习后续章节所讲的每个知识点，并通过程序与代码来演示应用。

同时，通过本章的学习，即使是之前没有接触过 OpenCV 与 Android 编程的读者也对二者会有基本的感性认知，对 OpenCV、Android SDK、如何集成配置 Android Studio、如何开发与运行代码都有一定的了解与接触，为后续熟练使用 IDE 来开发使用 OpenCV4Android 打下牢固基础。希望大家通过本章的学习，可以顺利搭建好开发环境，运行好测试程序，为后续学习打下坚实基础。

CHAPTER 2

第2章

Mat与Bitmap对象

第1章中，我们介绍了OpenCV框架的历史与发展，基于Android Studio配置好了OpenCV Android SDK的开发环境，并尝试运行了我们第一个OpenCV相关的验证程序，同时为了更好地学习后续章节，搭建了一个简单的APP框架。本章将会学习OpenCV4Android中最重要的图像容器Mat的各种使用方法，以及如何在Mat上绘制各种几何形状，同时我们还会关注Android平台本身提供的图像对象Bitmap，重点解释Mat与Bitmap之间的区别与联系，使用时候的注意事项，以及它们之间的相互转换。

在介绍本章内容之前，笔者假设大家已经掌握了Android平台编程的基本知识，学习过简单的Android应用程序开发，同时对图像文件的格式及其特点有一些简单的了解。虽然这些知识点不是本章的重点，但是还是可以帮助你更好地学习本章内容。

2.1 Mat对象

Mat是OpenCV中用来存储图像信息的内存对象，当通过Imgcodecs.imread()方法从文件读入一个图像文件时，imread方法就会返回Mat对象实例，或者通过Utils.bitmatToMat()方法由Bitmap对象转换而来。图2-1形象地展示了一张图像中的各个像素点数据是如何存储的，因为图像本身的像素点比较多，所以我们显示的图像像素数据只是左上角20×20大小的部分数据，具体显示如下。

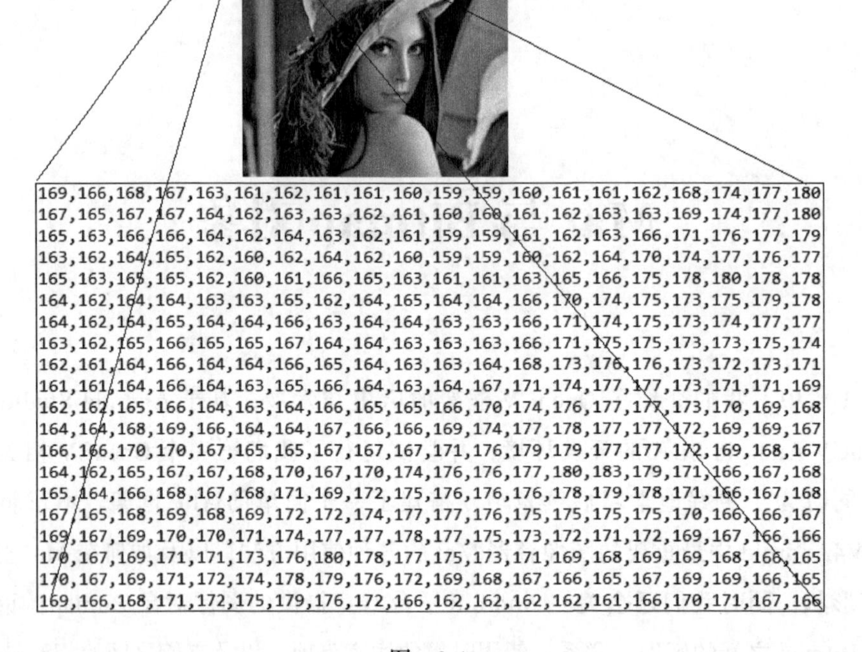

图　2-1

Mat 对象中除了存储图像的像素数据以外，还包括图像的其他属性，具体为宽、高、类型、维度、大小、深度等。当你需要这些信息时，可以通过相关的 API 来获取这些基本图像属性。

2.1.1　加载图像与读取基本信息

当我们从 Android 系统中选择一张图像的时候，我们可以使用如下代码将图像文件加载为 Mat 对象：

```
Mat src = Imgcodecs.imread(fileUri.getPath());
```

OpenCV 通过 imread 来加载图像，默认的时候，加载的是三通道顺序为 BGR 的彩色图像，还可以通过以下代码来指定加载为彩色图像：

```
Mat src = Imgcodecs.imread(fileUri.getPath(), Imgcodecs.IMREAD_COLOR);
```

第一个参数表示文件路径，第二个参数表示加载图像类型，最常见的类型有如下几种。

- IMREAD_UNCHANGED=−1，表示不改变加载图像类型，可能包含透明通道。
- IMREAD_GRAYSCALE=0，表示加载图像为灰度图像。
- IMREAD_COLOR=1，表示加载图像为彩色图像。

使用如下代码从 Mat 对象中得到图像的宽、高、维度、通道数、深度、类型信息：

```
int width = src.cols();
int height = src.rows();
int dims = src.dims();
int channels = src.channels();
int depth = src.depth();
int type = src.type();
```

其中，要特别关注的是通道数、图像深度与图像类型、OpenCV 加载的 Mat 类型图像对象。常见的通道数目有 1、3、4，分别对应于单通道、三通道、四通道，其中四通道中通常会有透明通道的数据。图像深度表示每个通道灰度值所占的大小，图像深度与类型密切相关。OpenCV 中常见的几种图像深度具体如表 2-1 所示。

表 2-1

图像深度	Java 中对应的数据类型	图像深度	Java 中对应的数据类型
CV_8U=0	8 位 byte	CV_32S=4	32 位整型 -int
CV_8S=1	8 位 byte	CV_32F=5	32 位 -float
CV_16U=2	16 位 char	CV_64F=6	64 位 -double
CV_16S=3	16 位 char		

其中，U 表示无符号整型、S 表示符号整型、F 表示浮点数，这些类型在 CvType 中可以自己查看。OpenCV 中常见的图像类型具体如表 2-2 所示。

表 2-2

单通道	双通道	三通道	四通道
CV_8UC1	CV_8UC2	CV_8UC3	CV_8UC4
CV_8SC1	CV_8SC2	CV_8SC3	CV_8SC4
CV_16U C1	CV_16U C2	CV_16U C3	CV_16U C4

（续）

单通道	双通道	三通道	四通道
CV_16SC1	CV_16SC2	CV_16SC3	CV_16SC4
CV_32SC1	CV_32SC2	CV_32SC3	CV_32SC4
CV_32FC1	CV_32FC2	CV_32FC3	CV_32FC4
CV_64FC1	CV_64FC2	CV_64FC3	CV_64FC4

当我们调用 imread 函数时，如果只使用文件路径参数读入加载一张图像，那么它的默认值是三通道的 CV_8UC3，图像深度为 CV_8U，其中 CV 表示计算机视觉、8 表示八位、UC 表示无符号 char、3 表示三个通道。在表 2-2 所示的类型表中，每个类型都可以做类似的解读，从此处也可以看出 CV_8U 就是图像深度，所以图像类型与深度之间是有直接关系的。以上就是对图像的加载与基本信息获取的解释，下面将介绍如何创建 Mat 对象以及初始化。

2.1.2 Mat 创建与初始化

从前面的内容我们可以知道，Mat 对象中包含了图像的各种基本信息与图像像素数据。总的来说，Mat 是由头部与数据部分组成的，其中头部还包含一个指向数据的指针。在 OpenCV4Android 的接口封装中，因为 Java 层面没有指针对象，因此全部用数组来替代。但是，当我们需要把 Mat 对象传到 JNI 层的时候，可以通过 getNativeObjAddr() 方法来实现 Mat 对象从 Java 层到 C++ 层的指针传递，这点在后续的 NDK 编程中会有具体描述的示例代码，这里就不再展开说明了。如图 2-2 所示的是 Mat 在内存中的结构。

创建 Mat 对象的方法有很多种，其中最常见的有如下几种。

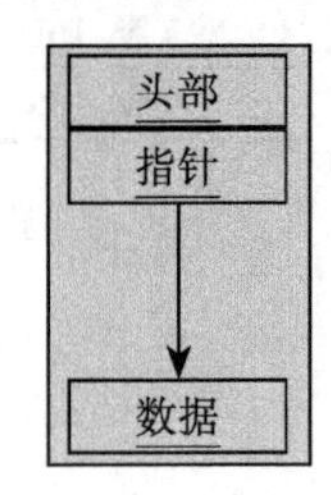

图　2-2

1）通过 create 方法实现 Mat 对象的创建，相关的代码如下：

```
Mat m1 = new Mat();
m1.create(new Size(3, 3), CvType.CV_8UC3);
Mat m2 = new Mat();
m2.create(3, 3, CvType.CV_8UC3);
```

上述代码表示创建两个 Mat 对象 m1 与 m2，其中 m1 与 m2 的大小都是 3×3、类型是三通道 8 位的无符号字符型。

2）通过 ones、eye、zeros 方法实现初始化创建，相关代码如下：

```
Mat m3 = Mat.eye(3, 3,CvType.CV_8UC3);
Mat m4 = Mat.eye(new Size(3, 3),CvType.CV_8UC3);
Mat m5 = Mat.zeros(new Size(3, 3), CvType.CV_8UC3);
Mat m6 = Mat.ones(new Size(3, 3), CvType.CV_8UC3);
```

上述代码创建了 m3、m4、m5、m6 四个 Mat 对象，基于这种初始化方式来得到 Mat 对象是 OpenCV 借鉴了 Matlab 中 eye、zeros、ones 三个函数实现的。

3）此外还可以先定义 Mat，然后通过 setTo 的方法实现初始化，相关代码如下：

```
Mat m7 = new Mat(3, 3, CvType.CV_8UC3);
m7.setTo(new Scalar(255, 255, 255));
```

此方法与第一种方法有点类似，唯一不同的是，第一种方法通过 create 初始化的时候并没有指定颜色值。在 OpenCV 中，颜色向量通常用 Scalar 表示，这里 Scalar（255，255，255）表示白色。

4）通过 Mat 的 copyTo() 与 clone 方法实现对象的创建，Mat 中的克隆与拷贝方法会复制一份完全相同的数据以创建一个新 Mat 对，克隆相关代码如下：

```
Mat m8 = new Mat(500, 500, CvType.CV_8UC3);
m8.setTo(new Scalar(127, 127, 127));
Mat cmat = image.clone();
```

拷贝的相关代码如下：

```
Mat m8 = new Mat(500, 500, CvType.CV_8UC3);
m8.setTo(new Scalar(127, 127, 127));
Mat result = new Mat();
m8.copyTo(result);
```

2.1.3　Mat 对象保存

创建好的 Mat 对象经过一系列的操作之后，就可以通过 OpenCV4Android 的 imwrite 函数直接将对象保存为图像，相关的演示代码如下：

```
// 创建 Mat 对象并保存
```

```
Mat image = new Mat(500, 500, CvType.CV_8UC3);
image.setTo(new Scalar(127, 127, 127));
ImageSelectUtils.saveImage(image);
```

其中，500 表示图像的宽度与高度，最后一个参数声明图像是 RGB 彩色三通道图像、每个通道都是 8 位，第二行代码是指定图像的每个像素点、每个通道的灰度值为 127。第三行代码是使用 imwrite 将图像保存到手机中的指定目录下，saveImage 方法的相关代码如下：

```
File fileDir = new File(Environment.getExternalStoragePublicDirectory(
Environment.DIRECTORY_PICTURES), "mybook");
if(!fileDir.exists()) {
    fileDir.mkdirs();
}
String name = String.valueOf(System.currentTimeMillis()) + "_book.jpg";
File tempFile = new File(fileDir.getAbsoluteFile()+File.separator, name);
Imgcodecs.imwrite(tempFile.getAbsolutePath(), image);
```

上面的前几行代码是创建目录与文件路径，最后一行代码通过 imwrite 来实现文件的保存，保存图像的格式取决于文件路径为图像指定的扩展名类型。

2.2　Android 中的 Bitmap 对象

上一节我们介绍了 Mat 对象，其实在 Android 系统中也有一个与 Mat 对象相似的对象 Bitmap。本节我们将介绍 Bitmap，通过它可以获取图像的常见属性、像素数据，修改图像的像素数据，呈现出不同的图像显示效果，保存图像，等等。

1. 图像文件与资源加载

在 Android 系统中，我们可以把给定图像的文件路径或者图像资源 ID 作为参数，通过调用相关的 API 来实现文件的加载，使其成为一个 Bitmap 实例对象。最常见的加载资源图像的代码如下：

```
    Bitmap bm = BitmapFactory.decodeResource(this.getResources(), R.drawable.
lena);
```

加载图像文件的代码与前面第 1 章中提到的类似，为了避免 OOM 问题，我们首先应该获取图像的大小，然后根据图像大小进行适当的降采样，之后再加载为 Bitmap 对象即可，这里就不再赘述了。

2. 读写像素

对 Bitmap 对象来说，我们首先可以通过相关的 API 实现图像的长、宽、配置信息查询，在 Bitmap 中，像素数据是最占内存的部分。根据长、宽与配置信息我们可以计算出图像像素的大小为多少，定义一个数组用于存储一次性读出的像素数组，也可以通过每次读取一个像素点的方式来循环读取。Bitmap 获取图像宽、高与配置信息的接口代码如下：

```
public final int getWidth()
public final int getHeight()
public final Config getConfig()
```

其中，Config 是 Java 中的枚举类型，当前 Android 支持的 Bitmap 像素存储类型具体如下：

```
Bitmap.Config.ALPHA_8;
Bitmap.Config.ARGB_4444;
Bitmap.Config.RGB_565;
Bitmap.Config.ARGB_8888;
```

默认情况下，Bitmap 是在 RGB 色彩空间。其中，A 表示透明通道、R 表示红色通道、G 表示绿色通道、B 表示蓝色通道。其中 ALPHA_8 表示该图像只有透明通道而没有颜色通道，是一张透明通道图像，这种图像通常会被用作 mask 图像。上述代码中的参数具体分析如下。

- ARGB_4444：表示每个通道占四位，总计两个字节，表示一个像素的图像。
- ARGB_8888：表示每个通道占八位，总计四个字节，表示一个像素的图像，这个是最常见的。
- ARGB_565：表示每个通道分别占 5 位、6 位、5 位，总计两个字节，表示一个像素的图像。

在 Bitmap 中循环读取每个像素每个通道并修改的代码如下：

```
int a=0, r=0, g=0, b=0;
for(int row=0; row<height; row++) {
    for(int col=0; col<width; col++) {
            // 读取像素
            int pixel = bm.getPixel(col, row);
            a = Color.alpha(pixel);
            r = Color.red(pixel);
            g = Color.green(pixel);
            b = Color.blue(pixel);
            // 修改像素
            r = 255 - r;
            g = 255 - g;
            b = 255 - b;
            // 保存到 Bitmap 中
            bm.setPixel(col, row, Color.argb(a, r, g, b));
    }
}
```

通过这种方式每次读取一个像素点的颜色值，然后修改并设置的方法，会造成对 Bitmap 对象的频繁访问，效率低下。在 DVM 内存不紧张的时候，我们应该选择开辟一块像素缓冲区，一次性读取全部像素作为数组，然后循环数组访问每个像素点，修改完成之后再重新设回 Bitmap 对应的像素数据中，这种方法速度很快，也更为常见。实现代码如下：

```
int[] pixels = new int[width*height];
bm.getPixels(pixels, 0, width, 0, 0, width, height);
int a=0, r=0, g=0, b=0;
int index = 0;
for(int row=0; row<height; row++) {
    for(int col=0; col<width; col++) {
            // 读取像素
            index = width*row + col;
            a=(pixels[index]>>24)&0xff;
            r=(pixels[index]>>16)&0xff;
            g=(pixels[index]>>8)&0xff;
            b=pixels[index]&0xff;
            // 修改像素
            r = 255 - r;
            g = 255 - g;
            b = 255 - b;
```

```
            // 保存到 Bitmap 中
            pixels[index] = (a << 24) | (r << 16) | (g << 8) | b;
        }
    }
```

3. 释放内存

在创建与使用 Bitmap 对象完成读写像素数据操作之后，需要调用“bm.recycle()；”方法释放已经不再需要使用 Bitmap 对象的内存空间。对创建的 Mat 对象来说，当使用完之后，需要调用 release() 方法来释放内存，否则在进行批量图像处理或者视频处理时，会很容易因为 Mat 对象的大量创建而不释放导致内存问题与 APP 崩溃。

2.3 基础形状绘制与填充

使用 OpenCV 做对象检测、对象识别程序开发，很多场景下，我们需要在输出图像上对处理结果加上醒目的轮廓或者以边框矩形绘制或者颜色填充，这个就需要我们学会图形绘制相关 API 的使用。常见的绘制包括矩形、圆形、椭圆、直线、还有文本文字。无论是 Android Canvas 还是 OpenCV SDK，它们本身都已经提供了这些简单绘制 API 的支持。下面我们首先来看一下 OpenCV 是如何在 Mat 图像上绘制与填充这些几何形状的。OpenCV2.xAndroid SDK 图形绘制是在 Core 模块中，到了 OpenCV3.x 中，图形绘制就已经移到 Imgproc 这个模块中了。

1. 在 Mat 上绘制基本几何形状与文本

Mat 上绘制的基本几何形状包括矩形、直线、圆、椭圆，还有文本文字。首先来看一下绘制这几个形状相关的 API 说明。

line（Mat img，Point pt1，Point pt2，Scalar color，int thickness，int lineType，int shift）表示绘制直线，最后三个参数可以不填，默认值分别为 1、8、0，表示绘制宽度是 1 个像素、绘制方法是 8 邻域、位置偏移为 0。前面的四个参数分别解释如下。

- img：表示绘制对象是在 Mat 图像上，以下几个 API 说明与此相同。

- pt1：表示直线起始点的屏幕坐标。
- pt2：表示直线终点的屏幕坐标。
- color表示直线的颜色，假设三通道的顺序为BGR，则new Scalar（0，0，255）表示红色。

rectangle（Mat img，Point pt1，Point pt2，Scalar color，int thickness，int lineType，int shift）

绘制矩形跟绘制直线的参数极其类似，唯一不同的是两个坐标点表示的含义不一样，解释如下。

- pt1：表示矩形左上角点的屏幕坐标。
- pt2：表示矩形右下角点的屏幕坐标。

circle（Mat img，Point center，int radius，Scalar color，int thickness，int lineType，int shift）绘制圆的最后三个参数含义跟上述方法一致，默认情况下可以忽略。前面四个参数的解释具体如下。

- img：表示绘制圆对象在Mat图像上。
- center：表示圆的中心位置点屏幕坐标。
- radius：表示圆的半径大小，单位是像素。
- color：表示圆的颜色。

ellipse（Mat img，Point center，Size axes，double angle，double startAngle，double endAngle，Scalar color，int thickness，int lineType，int shift）绘制椭圆与上述API相比多了几个参数，绘制椭圆或者弧长的时候需要指定开始与结束的角度。长轴与短轴大小、中心位置等信息，前面7个参数的解释具体如下。

- img：表示绘制椭圆对象在Mat图像上。
- center：表示椭圆的中心位置点屏幕坐标。
- axes：表示椭圆的长轴与短轴大小，单位是像素。

- angle：表示旋转角度，通常 angle = endAngle – startAngle。
- startAngle：开始角度大小。
- endAngle：结束角度大小。
- color：表示椭圆的颜色。

putText（Mat img，String text，Point org，int fontFace，double fontScale，Scalar color，int thickness）表示在 Mat 图像上绘制文本文字，OpenCV 的默认情况是不支持中文文本绘制显示的，如果想要显示中文信息，可以切换到 Bitmap 对象然后绘制。各个参数的解释具体如下。

- img：表示绘制文本对象在 Mat 图像上。
- text：表示要显示的文本。
- org：表示开始位置点屏幕坐标。
- fontFace：表示字体类型。
- fontScale：表示字体大小。
- color：表示文字的颜色。
- thickness：表示文字绘制的宽度，默认大小为 1。

在上述矩形、圆、椭圆的绘制中，如果想要把绘制方式改为填充，只需要设置参数 thickness=-1 即可，OpenCV 会根据这个参数值来决定是进行填充还是只做描边绘制。此外上述参数中表示绘制线段类型的参数 lineType，默认情况下是 8，表示八邻域绘制方式。lineType 共有三种方式分别如下。

- LINE_4：表示绘制线段的时候使用四邻域填充方法。
- LINE_8：表示绘制线段的时候使用八邻域填充方法。
- LINE_AA：表示绘制线段的时候使用反锯齿填充方法。

下面我们创建一个 500×500 大小的 Mat 对象，类型是 CV_8UC3，然后在它上面分别绘制上面提到的几种几何形状与文本文字，通过代码来演示实际如何使用这些 API。相关绘制代码实现如下：

```
Mat src = Mat.zeros(500, 500, CvType.CV_8UC3);
// 椭圆或者弧长
Imgproc.ellipse(src, new Point(250, 250), new Size(100, 50),
          360, 0, 360, new Scalar(0, 0, 255), 2, 8, 0);
// 文本
Imgproc.putText(src, "Basic Drawing Demo", new Point(20, 20),
          Core.FONT_HERSHEY_PLAIN, 1.0, new Scalar(255, 0, 0), 2);
Rect rect = new Rect();
rect.x = 50;
rect.y = 50;
rect.width = 100;
rect.height = 100;
Imgproc.rectangle(src, rect.tl(), rect.br(), //矩形
          new Scalar(255, 0, 0), 2, 8, 0);
Imgproc.circle(src, new Point(400, 400), 50, // 圆形
          new Scalar(0, 255, 0), 2, 8, 0);
Imgproc.line(src, new Point(10, 10), new Point(490, 490), // 线
          new Scalar(0, 255, 0), 2, 8, 0);
Imgproc.line(src, new Point(10, 490), new Point(490, 10),
          new Scalar(255, 0, 0), 2, 8, 0);
```

运行效果如图 2-3 所示。

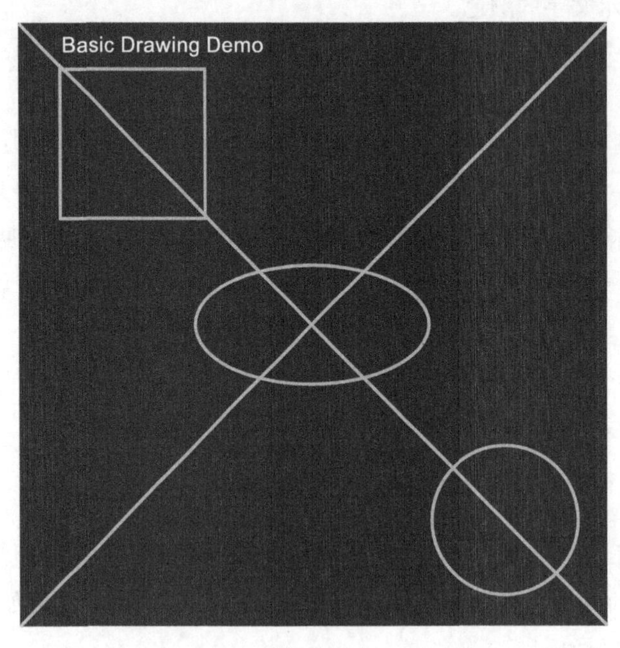

图 2-3

2. 在 Canvas 上绘制基本几何形状与文本

Android 中在 Bitmap 上绘制几何形状与文本对象，必须借助 Canvas 相关 API 实现，首先要构造出一个 Canvas 对象，把需要的 Bitmap 作为参数传入，然后使用 Canvas 的绘制 API 完成颜色的绘制与风格的设置，Canvas 绘制颜色与风格设置都是通过 Paint 对象来完成的，首先创建 Paint 实例，然后设置颜色与风格，代码如下：

```
Paint p = new Paint();
p.setColor(Color.GREEN);
p.setStyle(Paint.Style.STROKE);
```

常见的风格还包括如下几种。

- Paint.Style.STROKE：描边。
- Paint.Style.FILL：填充。
- Paint.Style.FILL_AND_STROKE：填充与描边。

设置好画笔风格之后就可以开始绘制不同的几何形状与文本文字了，绘制几何形状与文本文字的时候需要输入一些屏幕坐标点与画笔 p 作为参数，代码演示如下：

```
// 绘制直线
canvas.drawLine(10, 10, 490, 490, p);
canvas.drawLine(10, 490, 490, 10, p);

// 绘制矩形
android.graphics.Rect rect = new android.graphics.Rect();
rect.set(50, 50, 150, 150); // 矩形左上角点，与右下角点坐标
canvas.drawRect(rect, p);

// 绘制圆
p.setColor(Color.GREEN);
canvas.drawCircle(400, 400, 50, p);

// 绘制文本
p.setColor(Color.RED);
canvas.drawText("Basic Drawing on Canvas", 40, 40, p);
```

从上面的代码实现也可以看出，Android 中提供的基于 Canvas 的绘制方法与支持的 API 非常多，它们完整地实现了图形绘制接口功能，所以当我们用 OpenCV 在 Android

中做开发的时候，若需要绘制复杂的几何图形或者中文文字显示，那么优先的选择就是基于这些本地Canvas API来完成。

2.4　Mat与Bitmap的使用与转换

在Android中使用OpenCV来完成应用开发时，开发者经常需要在Mat对象与Bitmap对象之间相互切换，Bitmap是Android中的图像对象，Mat作为OpenCV中表示图像的内存容器，二者之间的关系与切换以及内存问题常常会让初次接触OpenCV4Android SDK的开发者感到棘手，本节将一一剖析这些知识点，使读者能够学以致用。

1. Mat与Bitmap相互转换

Mat与Bitmap的相互转换也分为几种情况。第一种情况是通过图像对象通道OpenCV的imread函数读取，或者通过Mat初始化创建。我们要把这样的Mat对象转换为Bitmap对象，通常需要通过如下代码来完成：

```
Mat src = Imgcodecs.imread(fileUri.getPath());
int width = src.cols();
int height = src.rows();
Bitmap bm = Bitmap.createBitmap(width, height,
                                Bitmap.Config.ARGB_8888);
Mat dst = new Mat();
Imgproc.cvtColor(src, dst, Imgproc.COLOR_BGR2RGBA);
Utils.matToBitmap(dst, bm);
```

其中，Utils.matToBitmap方法来自OpenCV4Android SDK的Util包，包中还有另外一个与它相对应的方法Utils.bitmapToMat，通过它们就可以实现Bitmap与Mat的相互转换。上面的代码中还有一个值得关注的地方，那就是Bitmap的类型是ARGB_8888的类型，而OpenCV中加载图像默认的类型为BGR类型，所以需要通过cvtColor函数转换为RGBA四通道图像之后再调用mat与Bitmap的相互转换方法。否则的话就会出现通道顺序不正确，从而导致出现图像显示颜色异常的情况。

第二种情况更为常见，通常我们通过Android本地的API创建或者初始化加载图像为 Bitmap 对象，为了简化起见，本书中默认加载 Bitmap 对象类型为 ARGB_8888，然后传递到 OpenCV 中作为 Mat 对象，处理完成之后重新转为 Bitmap 对象，然后通过 ImageView 显示即可，代码实现如下：

```
Bitmap bm = Bitmap.createBitmap(500, 500,
                        Bitmap.Config.ARGB_8888);
Mat m = new Mat();
Utils.bitmapToMat(bm, m);
Imgproc.circle(m, new Point(m.cols()/2, m.rows()/2), 50,
            new Scalar(255, 0, 0, 255), 2, 8, 0);
Utils.matToBitmap(m, bm);
```

上述代码首先创建了一个 Bitmap 对象，转换为 Mat 之后用 OpenCV4Android SDK 实现圆的绘制，然后再转为 Bitmap 对象。

2. 内存与显示

在 Android 系统中，将图像资源文件直接加载为 OpenCV 中的 Mat 对象，可以避免 Bitmap 加载大图像出现的 OOM 问题，使用 Mat 对象对图像完成操作之后，对所有的临时 Mat 对象应该调用 release 方法释放内存，避免在 JNI 层面发生内存泄漏问题，示例代码如下：

```
Mat dst = new Mat();
Imgproc.cvtColor(src, dst, Imgproc.COLOR_BGR2RGBA);
Utils.matToBitmap(dst, bm);
dst.release();
```

上述例子就是一个及时释放临时 Mat 对象内存空间的代码演示。

3. 通道数、通道顺序与透明通道问题

（1）默认通道数与顺序

OpenCV4Android SDK 创建图像的时候最好将其指定为三通道默认的 BGR 顺序，这也是 OpenCV 加载图像文件为 Mat 对象的时候使用的默认通道数与通道顺序。本书中除非特殊说明，通过 imread 加载图像均为 OpenCV 默认的通道数目与顺序。

（2）透明通道

在 OpenCV 中做图像处理，如果需要处理透明通道，则需要将图像 Bitmap 加载为 ARGB_8888 方式，然后转换为 Mat 对象，此时 Mat 对象为四通道，含有透明通道数据，这样就可以进行透明通道混合等操作了，完成操作以后再通过 Utils 包中的方法转换为 Bitmap 对象即可。

（3）灰度与二值图像

当 Mat 为灰度或者二值图像的时候，需要首先通过 cvtColor 指定转换类型为 COLOR_GRAY2RGBA，之后才可以把 Mat 对象转换为 Bitmap 图像。

2.5 小结

本章重点介绍了 OpenCV 中的图像容器对象 Mat，以及它的创建、初始化、子图像获取等各种常见的 Mat 操作，同时还详细介绍了 Mat 类型与图像深度等知识，以及 Mat 与 Bitmap 相互转换、像素读取与修改、内存使用与释放等方面的使用技巧。本章还介绍了 Mat 与 Bitmap 本地绘制几何形状与文本文字的方法以及相关设置等知识点，这些基础知识的学习、理解与掌握将有利于我们更好地学习本书的后续章节。

CHAPTER 3

第 3 章

Mat 像素操作

在第 2 章中，我们介绍了 Mat 对象的创建与初始化、Mat 与 Bitmap 的相互转换、OpenCV 基本几何形状的绘制与文本绘制等一些重要知识。本章将把目光聚焦到 Mat 对象的像素操作与 Mat 相关的算术与逻辑运算上来，首先我们介绍在 Mat 中如何实现像素数据类型转换、获取像素数据的各种方法、计算图像均值与方差、图像混合与叠加等操作，同时还将学会利用图像的基本像素运算实现图像对比度与亮度的调整。当然本章同样会给出 OpenCV 的相关代码、Android 中事件的处理、通过 ImageView 显示结果、布局 XML 文件、调用相关方法等内容，读者可以直接通过源代码自己查看。

本章的目的就是在第 2 章介绍 Mat 对象的基础上，介绍像素的算术与逻辑运算，并且利用这些简单的像素运算实现一些具有实用价值的图像处理功能，帮助大家掌握相关知识点，并提高运用知识解决问题的能力。

3.1 像素读写

Mat 作为图像容器，其数据部分存储了图像的像素数据，我们可以通过相关的 API 来获取图像数据部分。在获取图像数据的时候，知道 Mat 的类型与通道数目至关重要，根据 Mat 的类型与通道数目，开辟适当大小的内存空间，然后通过 get 方法就可以循环实现每个像素点值的读取、修改，然后再通过 put 方法修改与 Mat 对应的数据部分即可。

常见的 Mat 的像素读写 get 与 put 方法支持如表 3-1 所示的几种图像 Mat 类型。

表　3-1

方法	支持类型
double[] get（int row，int col）	以下全部
int get（int row，int col，double[] data）	CV_64FC1~ CV_64FC4
int get（int row，int col，float[] data）	CV_32FC1~ CV_32FC4
int get（int row，int col，int[] data）	CV_32SC1~ CV_32SC4
int get（int row，int col，short[] data）	CV_16SC1~ CV_16SC1
int get（int row，int col，byte[] data）	CV_8UC1~ CV_8UC4

默认情况下，imread 方式将 Mat 对象类型加载为 CV_8UC3，以后除非有特殊说明，本书中提到的加载图像文件均为 Mat 对象、类型均为 CV_8UC3、通道顺序均为 BGR。表 3-1 中所列举的是当前 OpenCV 支持的读取图像的方法、将像素值写入到 Mat 对象中，使用与每个 get 方法相对应的 put 方法即可。根据开辟的缓存区域 data 数组的大小，读写像素既可以每次从 Mat 中读取一个像素点数据，或者可以每次从 Mat 中读取一行像素数据，还可以一次从 Mat 中读取全部像素数据。下面就来通过代码演示对 Mat 对象中的每个像素点的值都进行取反操作，并且分别用这三种方法实现像素操作。首先要将图像加载为 Mat 对象，然后获取图像的宽与高，代码实现如下：

```
Mat src = Imgcodecs.imread(fileUri.getPath());
if(src.empty()){
    return;
}
int channels = src.channels();
int width = src.cols();
int height = src.rows();
```

做好了上面的准备工作之后，我们就可以通过下面这三种方式读取像素数据、修改、写入并比较它们的执行时间。

1. 从 Mat 中每次读取一个像素点数据

对于 CV_8UC3 的 Mat 类型来说，对应的数据类型是 byte，所以应该初始化 byte 数组 data，数组的长度取决于图像通道数目的多少。完整的代码实现如下：

```
byte[] data = new byte[channels];
int b=0, g=0, r=0;
for(int row=0; row<height; row++) {
    for(int col=0; col<width; col++) {
            // 读取
            src.get(row, col, data);
            b = data[0]&0xff;
            g = data[1]&0xff;
            r = data[2]&0xff;
            // 修改
            b = 255 - b;
            g = 255 - g;
            r = 255 - r;
            // 写入
            data[0] = (byte)b;
            data[1] = (byte)g;
            data[2] = (byte)r;
            src.put(row, col, data);
    }
}
```

2. 从 Mat 中每次读取一行像素数据

首先需要定义每一行像素数据数组的长度，应该是图像宽度乘以每个像素的通道数目之和。然后循环修改每一行的数据，这个时候 get 方法的第二个参数 col=0 的意思是从每一行的第一列开始获取像素数据。完整的代码实现具体如下：

```
// each row data
byte[] data = new byte[channels*width];
// loop
int b=0, g=0, r=0;
int pv = 0;
for(int row=0; row<height; row++) {
    src.get(row, 0, data);
    for(int col=0; col<data.length; col++) {
            // 读取
            pv = data[col]&0xff;
            // 修改
            pv = 255 - pv;
            data[col] = (byte)pv;
    }
    // 写入
```

```
    src.put(row, 0, data);
}
```

3. 从 Mat 中一次读取全部像素数据

同样，首先要定义数组长度的大小，完整的数据长度大小 T= 图像宽度 × 图像高度 × 通道数目，然后一次性获取全部像素数据，所以 get 的前面两个参数 row=0、col=0。表示从第一个像素开始读取。完整的代码实现如下：

```
// all pixels
int pv = 0;
byte[] data = new byte[channels*width*height];
src.get(0, 0, data);
for(int i=0; i<data.length; i++) {
    pv = data[i]&0xff;
    pv = 255-pv;
    data[i] = (byte)pv;
}
src.put(0, 0, data);
```

上述三种方法中，第一种方法因为频繁访问 JNI 调用而效率低下，但是内存需求最小；第二种方法每次读取一行，相比第一种方法速度有所提高，但是内存使用增加；最后一种方法一次读取 Mat 中的全部像素数据，在内存中循环修改速度最快，通过 JNI 调用 OpenCV 底层 C++ 方法次数最少，因而效率也是最高的，但是对于高分辨率图像，这种方式显然内存消耗过多，容易导致 OOM 问题。所以 Android 开发者在使用 OpenCV 的时候，需要注意应根据项目需求，选择第二种或者第三种方法实现像素读写，第一种方法只适用于随机少量像素读写的场合。

3.2　图像通道与均值方差计算

图像中通道数目的多少可以通过 Mat 对象 channels() 进行查询获取。对于多通道的图像，Mat 提供的 API 方法可以把它分为多个单通道的图像；同样对于多个单通道的图像，也可以组合成一个多通道的图像。此外，OpenCV 还提供了计算图像每个通道像素平均值与标准方差的 API 方法，通过它们可以计算得到图像的像素平均值与方差，根据平均值可以实现基于平均值的二值图像分割，根据标准方差可以找到空白图像或者无效图像。首先我们来看一下本节的第一个内容，图像通道的分离与合并。

1. 图像通道分离与合并

图像通道数通过 Mat 的 channels() 获取之后，如果通道数目大于 1，那么根据需要调用 split 方法就可以实现通道分离，通过 merge 方法就可以实现通道合并，这两个方法的详细解释具体如下。

```
split(Mat m, List<Mat> mv) // 通道分离
```

- m：表示输入多通道图像。
- mv：表示分离之后多个单通道图像，mv 的长度与 m 的通道数目一致。

```
merge(List<Mat> mv, Mat dst) // 通道合并
```

- mv：表示多个待合并的单通道图像。
- dst：表示合并之后生成的多通道图像。

上面两个方法都来自 Core 模块，Core 模块主要包含一些 Mat 操作与基础矩阵数学功能。一个简单的多通道的 Mat 对象其分离与合并的代码演示如下：

```
List<Mat> mv = new ArrayList<>();
Core.split(src, mv);
for(Mat m : mv) {
    int pv = 0;
    int channels = m.channels();
    int width = m.cols();
    int height = m.rows();
    byte[] data = new byte[channels*width*height];
    m.get(0, 0, data);
    for(int i=0; i<data.length; i++) {
            pv = data[i]&0xff;
            pv = 255-pv;
            data[i] = (byte)pv;
    }
    m.put(0, 0, data);
}
```

```
Core.merge(mv, src);
```

上面的代码实现了对多通道图像分离之后取反，然后再合并，最后通过 Android ImageView 组件显示结果，这个就是图像通道分离与合并的基本用法。

2. 均值与标准方差计算与应用

本节的第二个知识点是关于图像 Mat 像素数据的简单统计，计算均值与方差。对给定的一组数据计算其均值 μ 与标准方差 stddev 的公式如下：

$$\text{均值 } \mu = \frac{\sum_{i=0}^{n} x_i}{n}$$

其中，n 表示数组的长度、x_i 表示数组第 i 个元素的值。

$$\text{标准的方差（stddev）} = \sqrt{\frac{\sum_{i=0}^{n}(x_i-\mu)^2}{n-1}}$$

其中，n 表示数组长度、μ 表示均值、1 表示自由度。

根据上述公式，我们可以读取每个像素点的值，计算每个通道像素的均值与标准方差，OpenCV Core 模块中已经实现了这类 API，具体解释如下。

```
meanStdDev(Mat src, MatOfDouble mean, MatOfDouble stddev)
```

- src：表示输入 Mat 图像。
- mean：表示计算出各个通道的均值，数组长度与通道数目一致。
- stddev：表示计算出各个通道的标准方差，数组长度与通道数目一致。

```
meanStdDev(Mat src, MatOfDouble mean, MatOfDouble stddev, Mat mask)
```

该功能与第一个方法所实现的功能完全一致，唯一不同的是多了一个参数 mask，表示只有当 mask 中对应位置的像素值不等于零的时候，src 中相同位置的像素点才参与计算均值与标准方差。完整的基于均值实现图像二值分割的代码如下：

```
// 加载图像
Mat src = Imgcodecs.imread(fileUri.getPath());
if(src.empty()){
    return;
}
// 转为灰度图像
Mat gray = new Mat();
Imgproc.cvtColor(src, gray, Imgproc.COLOR_BGR2GRAY);

// 计算均值与标准方差
MatOfDouble means = new MatOfDouble();
MatOfDouble stddevs = new MatOfDouble();
Core.meanStdDev(gray, means, stddevs);

// 显示均值与标准方差
double[] mean = means.toArray();
double[] stddev = stddevs.toArray();
Log.i(TAG, "gray image means : " + mean[0]);
Log.i(TAG, "gray image stddev : " + stddev[0]);

// 读取像素数组
int width = gray.cols();
int height = gray.rows();
byte[] data = new byte[width*height];
gray.get(0, 0, data);
int pv = 0;

// 根据均值进行二值分割
int t = (int)mean[0];
for(int i=0; i<data.length; i++) {
    pv = data[i]&0xff;
    if(pv > t) {
            data[i] = (byte)255;
    } else {
            data[i] = (byte)0;
    }
}
gray.put(0, 0, data);
```

最终得到的 gray 就是二值图像，转换为 Bitmap 对象之后，通过 ImageView 显示即可。此外，可根据计算得到标准方差，上面的代码中假设 stddev[0] 的值小于 5，那么基本上图像可以看成是无效图像或者空白图像，因为标准方差越小则说明图像各个像素的差异越小，图像本身携带的有效信息越少。在图像处理中，我们可以利用上述结论来提取和过滤质量不高的扫描或者打印图像。

3.3　算术操作与调整图像的亮度和对比度

OpenCV 的 Core 模块支持 Mat 对象的加、减、乘、除算术运算，这些算术运算都处于 Mat 对象层次，可以在任意两个 Mat 之间实现上述算术操作，以得到结果。本节将首先介绍这些操作相关的 API 与参数说明，然后通过代码演示来使用这些基本算术操作以实现图像亮度与对比度的调整，达到学以致用的目的，并加深理解和掌握 Mat 算术操作相关 API 的使用。

1. 算术操作 API 的介绍

OpenCV 中 Mat 的加、减、乘、除运算既可以在两个 Mat 对象之间，也可以在 Mat 对象与 Scalar 之间进行。Mat 对象之间的加、减、乘、除运算最常用的方法如下：

```
add(Mat src1, Mat src2, Mat dst)
subtract(Mat src1, Mat src2, Mat dst)
multiply(Mat src1, Mat src2, Mat dst)
divide(Mat src1, Mat src2, Mat dst)
```

上述方法的参数个数与意义相同，具体解释如下。

- src1：表示输入的第一个 Mat 图像对象。
- src2：表示输入的第二个 Mat 图像对象。
- dst：表示算术操作输出的 Mat 对象。

此外，src2 的类型还可以是 Scalar 类型，这个时候表示图像的每个像素点都与 Scalar 中的每个向量完成指定的算术运算。需要注意的是，在使用算术运算时候，当 src1、src2 均为 Mat 对象的时候，它们的大小与类型必须一致，默认的输出图像类型与输入图像类型一致。下面是一个简单的算术运算的例子，使用加法，将两个 Mat 对象的叠加结果输出。

```
// 输入图像 src1
Mat src = Imgcodecs.imread(fileUri.getPath());
if(src.empty()){
    return;
}
// 输入图像 src2
Mat moon = Mat.zeros(src.rows(), src.cols(), src.type());
int cx = src.cols() - 60;
int cy = 60;
Imgproc.circle(moon, new Point(cx, cy), 50, new Scalar(90,95,234), -1, 8, 0);

// 加法运算
Mat dst = new Mat();
Core.add(src, moon, dst);
```

感兴趣的读者可以尝试将加法改成其他算术来测试运行。

2. 调整图像的亮度和对比度

图像的亮度和对比度是图像的两个基本属性，对 RGB 色彩图像来说，亮度越高，像素点对应的 RGB 值应该越大，越接近 255 ；反之亮度越低，其像素点对应的 RGB 值应该越小，越接近 0。所以在 RGB 色彩空间中，调整图像亮度可以简单地通过对图像进行加法与减法操作来实现。图像对比度主要是用来描述图像颜色与亮度之间的差异感知，对比度越大，图像的每个像素与周围的差异性也就越大，整个图像的细节就越显著；反之亦然。通过对图像进行乘法或者除法操作来扩大或者缩小图像像素之间的差值，这样我们就达到了调整图像对比度的目的。基于 Mat 与 Scalar 的算术操作，实现图像亮度或者对比度调整的代码实现如下：

```
// 输入图像 src1
Mat src = Imgcodecs.imread(fileUri.getPath());
if(src.empty()){
    return;
}

// 调整亮度
```

```
Mat dst1 = new Mat();
Core.add(src, new Scalar(b,b,b), dst1);

// 调整对比度
Mat dst2 = new Mat();
Core.multiply(dst1, new Scalar(c, c, c), dst2);

// 转换为 Bitmap，显示
Bitmap bm = Bitmap.createBitmap(src.cols(), src.rows(),
                            Bitmap.Config.ARGB_8888);
Mat result = new Mat();
Imgproc.cvtColor(dst2, result, Imgproc.COLOR_BGR2RGBA);
Utils.matToBitmap(result, bm);
```

上述代码中，b 表示亮度参数，c 表示对比度参数。其中，b 的取值为负数时，表示调低亮度；为正数时，表示调高亮度。c 的取值是浮点数，使用经验值范围一般为 0～3.0，c 的取值小于 1 时，表示降低对比度，大于 1 时表示提升对比度。

3.4　基于权重的图像叠加

3.3 节中，我们介绍了 Mat 算术运算的相关 API 与使用方法，并运用这些基本算术操作实现了图像亮度与对比度的调整功能。但是对图像进行简单的相加方法有时候并不能满足我们的需要，我们希望可以通过参数来调整输入图像在最终叠加之后的图像中所占的权重比，以实现基于权重方式的、更加灵活的图像调整方法。Core 模块中已经实现了这样的 API 函数，方法名称与各个参数的解释具体如下：

```
addWeighted(Mat src1, double alpha, Mat src2, double beta, double gamma, Mat
dst)
```

- src1：表示输入的第一个 Mat 对象。
- alpha：表示混合时候第一个 Mat 对象所占的权重大小。
- src2：表示输入的第二个 Mat 对象。
- beta：表示混合时候第二个 Mat 对象所占的权重大小。
- gamma：表示混合之后是否进行亮度校正（提升或降低）。

- dst：表示输出权重叠加之后的 Mat 对象。

最常见的情况下，我们在进行两个图像叠加的时候，权重调整需要满足的条件为 alpha+beta=1.0，通常 alpha=beta=0.5，表示混合叠加后的图像中原来两副图像的像素比值各占一半，这些都是对于正常图像来说的。假设 src2 是全黑色背景图像，那么这种叠加效果就是让图像 src1 变得更加暗，对比度变得更加低，在 src2 为黑色背景图像时，我们把 alpha 值调整为 1.5，beta 值为 −0.5，这样最终的叠加结果就是图像的对比度得到了提升；当 alpha=1 时候，则输出原图。如果 gamma 不是默认值 0，而是一个正整数的时候，那么这时就会提升图像的亮度，所以这种方式就成为调整图像亮度与对比度的另外一种方式，而且它比 3.3 节中提到的方法更简洁、实用，只需一次调用就可以得到图像亮度与对比度调整后输出的图像。这种方法的公式化描述如下：

$$dst=src1*alpha+src2*beta+gamma$$

其中，src2 是纯黑色的背景图像，gamma 大小决定了图像的亮度，alpha 大小决定了图像的对比度，alpha+beta=1。基于权重叠加的图像亮度与对比度调整的完整代码实现如下：

```
// 加载图像
Mat src = Imgcodecs.imread(fileUri.getPath());
if(src.empty()){
    return;
}

// create black image
Mat black = Mat.zeros(src.size(), src.type());
Mat dst = new Mat();

// 像素混合 - 基于权重
Core.addWeighted(src, alpha, black, 1.0-alpha, gamma, dst);

// 转换为 Bitmap，显示
Bitmap bm = Bitmap.createBitmap(src.cols(), src.rows(),
                                Bitmap.Config.ARGB_8888);
Mat result = new Mat();
Imgproc.cvtColor(dst, result, Imgproc.COLOR_BGR2RGBA);
Utils.matToBitmap(result, bm);
```

其中，两个参数alpha和gamma分别表示对比度与亮度调整的幅度，这里的默认值分别为1.5和30。完整的方法代码可以参考本书源代码的对应章节。

3.5　Mat的其他各种像素操作

OpenCV除了支持图像的算术操作之外，还支持图像的逻辑操作、平方、取LOG、归一化值范围等操作，这些操作在处理复杂场景的图像与二值或者灰度图像分析的时候非常有用。图像逻辑操作相关的API与参数说明具体如下：

```
bitwise_not(Mat src, Mat dst) // 取反操作
```

- src：输入图像。
- dst：取反之后的图像。

取反操作对二值图像来说是一个常见操作，有时候我们需要先进行取反操作，然后再对图像进行更好地分析。

```
bitwise_and(Mat src1, Mat src2, Mat dst) // 与操作
```

- src1：输入图像一。
- src2：输入图像二。
- dst：与操作结果。

与操作对两张图像混合之后的输出图像有降低混合图像亮度的效果，会让输出的像素小于等于对应位置的任意一张输入图像的像素值。

```
bitwise_or(Mat src1, Mat src2, Mat dst) // 或操作
```

- src1：输入图像一。
- src2：输入图像二。
- dst：或操作结果。

或操作对两张图像混合之后的输出图像有强化混合图像亮度的效果，会让输出的像

素大于等于对应位置的任意一张输入图像的像素值。

```
bitwise_xor(Mat src1, Mat src2, Mat dst) // 异或操作
```

- ❑ src1：输入图像一。
- ❑ src2：输入图像二。
- ❑ dst：或操作结果。

异或操作可以看作是对输入图像的叠加取反效果。下面的代码是创建两个 Mat 对象，然后对它们完成位运算——逻辑与、或、非，得到的结果将拼接为一张大 Mat 对象显示，完整的代码演示如下：

```
// 创建图像
Mat src1 = Mat.zeros(400, 400, CvType.CV_8UC3);
Mat src2 = new Mat(400, 400, CvType.CV_8UC3);
src2.setTo(new Scalar(255, 255, 255));

// ROI 区域定义
Rect rect = new Rect();
rect.x=100;
rect.y=100;
rect.width = 200;
rect.height = 200;

// 矩形
Imgproc.rectangle(src1, rect.tl(), rect.br(), new Scalar(0, 255, 0), -1);
rect.x=10;
rect.y=10;
Imgproc.rectangle(src2, rect.tl(), rect.br(), new Scalar(255, 255, 0), -1);

// 逻辑运算
Mat dst1 = new Mat();
Mat dst2 = new Mat();
Mat dst3 = new Mat();
Core.bitwise_and(src1, src2, dst1);
Core.bitwise_or(src1, src2, dst2);
Core.bitwise_xor(src1, src2, dst3);

// 输出结果
Mat dst = Mat.zeros(400, 1200, CvType.CV_8UC3);
rect.x=0;
```

```
    rect.y=0;
    rect.width=400;
    rect.height=400;
    dst1.copyTo(dst.submat(rect));
    rect.x=400;
    dst2.copyTo(dst.submat(rect));
    rect.x=800;
    dst3.copyTo(dst.submat(rect));

    // 释放内存
    dst1.release();
    dst2.release();
    dst3.release();

    // 转换为 Bitmap, 显示
    Bitmap bm = Bitmap.createBitmap(dst.cols(), dst.rows(), Bitmap.Config.
ARGB_8888);
    Mat result = new Mat();
    Imgproc.cvtColor(dst, result, Imgproc.COLOR_BGR2RGBA);
    Utils.matToBitmap(result, bm);

    // show
    ImageView iv = (ImageView)this.findViewById(R.id.chapter3_imageView);
    iv.setImageBitmap(bm);
```

除了逻辑操作之外，另外两个重要而且常见的像素操作是归一化与线性绝对值放缩变换，其中归一化是把数据 re-scale 到指定的范围内，线性绝对值放缩是把任意范围的像素值变化到 0 ～ 255 的 CV_8U 的图像像素值。相关 API 与参数解释具体如下：

```
convertScaleAbs(Mat src, Mat dst) //线性绝对值放缩变换
```

- src：表示输入图像。
- dst：表示输出图像。

默认情况下会对输入 Mat 对象数据求得绝对值，并将其转换为 CV_8UC1 类型的输出数据 dst。

```
normalize(Mat src, Mat dst, double alpha, double beta, int norm_type, int
dtype, Mat mask)
```

- src：表示输入图像。

- dst：表示输出图像。
- alpha：表示归一化到指定范围的低值。
- beta：表示归一化到指定范围的高值。
- dtype：表示输出的dst图像类型，默认为 -1，表示类型与输入图像src相同。
- mask：表示遮罩层，默认为Mat()。

归一化在图像处理中是经常需要用到的方法，比如对浮点数进行计算得到输出数据，将数据归一化到0～255后就可以作为彩色图像输出，得到输出结果。下面我们就用一段简单的代码来演示如何创建一个0～1的浮点数图像，然后将其归一化到0～255，代码实现如下：

```
// 创建随机浮点数图像
Mat src = Mat.zeros(400, 400, CvType.CV_32FC3);
float[] data = new float[400*400*3];
Random random = new Random();
for(int i=0; i<data.length; i++) {
    data[i] = (float)random.nextGaussian();
}
src.put(0, 0, data);

// 将值归一化到 0 ～ 255 之间
Mat dst = new Mat();
Core.normalize(src, dst, 0, 255, Core.NORM_MINMAX, -1, new Mat());


// 类型转换
Mat dst8u = new Mat();
dst.convertTo(dst8u, CvType.CV_8UC3);
```

上述方法代码将成功创建一张大小为400×400的高斯噪声图像，其中归一化方法选择的是最小与最大值归一化方法（NORM_MINMAX=32），这种方法的数学表示如下：

$$\text{dst}=\left(\frac{x-\min}{\max-\min}\right)\times(\text{beta}-\text{alpha})+\text{alpha}$$

其中，x表示src的像素值，min、max表示src中像素的最小值与最大值，对src各个通道完成上述计算即可得到最终的归一化结果。若计算图像的结果有正负值，那么在显示之前会调用convertScaleAbs来对负值求取绝对值图像，在后面讲解图像滤波与梯度计算中会用到该方法，这里我们先只做一个简单的介绍，不再赘述。

此外，Core中图像常见的操作还有对Mat做平方与取对数，这些操作都与实际应用场合有一定的关系，而且使用与参数都比较简单，因此这里也不再做过多的说明。

3.6 小结

本章首先介绍了Mat的像素读写，然后介绍了各种常见的基于Mat像素的图像算术操作，以及如何利用这些算术操作实现图像基本属性的调整与计算，最后介绍了两张图像权重混合的基本知识，以及如何巧妙利用权重混合API实现对图像亮度与对比度的调整并学以致用。接下来介绍了图像逻辑运算与其他常见的运算，这些知识将会是我们学习好后续章节的基础与前提。通过对API的介绍与参数的解释以及结合源代码演示，读者可以很快掌握这部分知识，为后续学习打下良好的基础。

同时本章的各个代码演示片段都是对应于一个单独的方法，读者通过查看对应章节源代码文件即可获取，源代码也是本书的一部分，建议大家阅读，运行和修改代码是学习本章知识必不可少的一个环节。本章的主要目的是介绍Mat的各种像素操作与使用，关于相关API的更多说明，可以查看对应的OpenCV帮助文档。

CHAPTER 4

第4章

图像操作

第3章中，我们讲述了OpenCV相关的图像像素操作，本章将介绍如何使用OpenCV中已经存在的一系列滤波函数，以及如何自定义滤波函数，并利用滤波函数完成对图像卷积的相关操作，实现图像模糊、锐化、边缘查找、去噪等功能。学习本章知识要求读者对卷积及其数学概念有一定的了解，在进行每一节相关API函数介绍与相关参数解释之前，我们首先会讲述与它对应的相关原理与知识背景，以保证读者不仅能知其然，还能知其所以然。

注意：如果没有特别说明，本章及其后续所有章节图像的默认色彩空间都是RGB空间。

4.1 模糊

1. 卷积基本概念

卷积常用于实现图像模糊，这个也是很多初学OpenCV开发者遇到的第一个疑问，为什么进行卷积操作之后，图像会模糊？在解释与说明卷积之前，首先假设有时间序列I、行下有三个星号对应的是另外一个短的时间序列，当它从I上面滑过的时候就会通过简单的算术计算产生一个新的时间序列J，如图4-1所示。

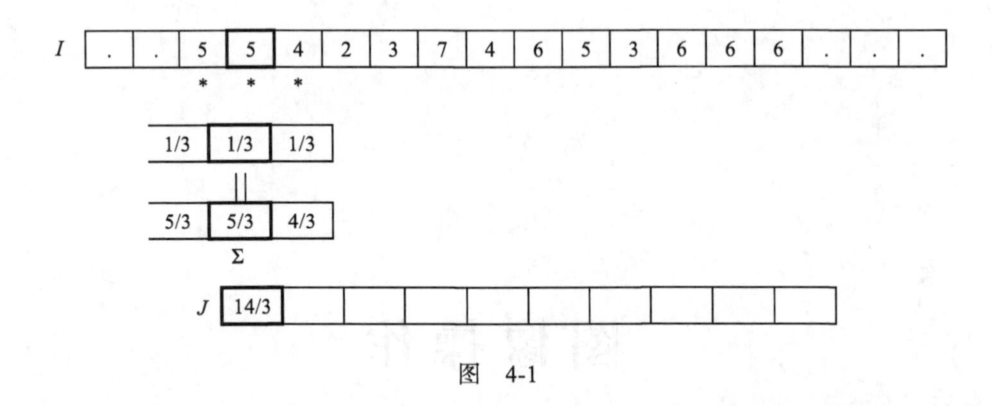

图　4-1

通常，我们将用来滑动的部分称为卷积算子（kernel）或者卷积操作数（operator），而将时间序列 I/J 称为输入 / 输出数据。两个采样间隔与采样率必须相同，这个就是信号学中关于卷积的一个最简单的定义描述。从数学角度来说，上述示例是一个最简单的一维离散卷积的例子，它的数学表达如下：

$$F \circ I(x) = \sum_{i=-N}^{N} F(i) I(x+i)$$

而常见的图像大多数都是二维的平面图像，所以对图像来说，完成卷积就需要卷积算子在图像的 X 方向与 Y 方向上滑动，下面计算每个滑动覆盖下的输出，如图 4-2 所示。

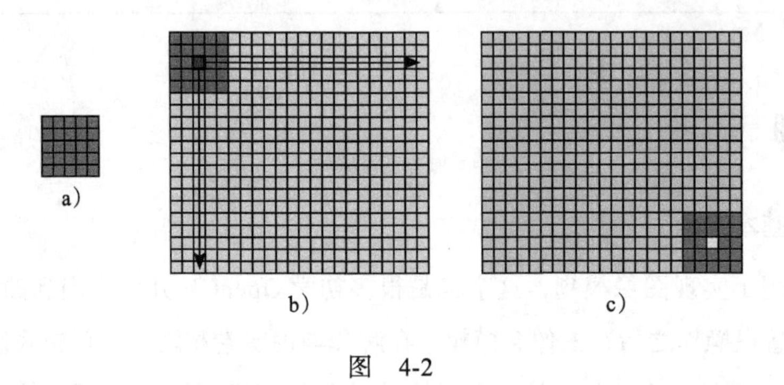

图　4-2

其中，图 4-2a 称为卷积核 / 卷积操作数（F），图 4-2b 是 F 在图像数据（I）上从左向右、从上向下，在 XY 方向上滑动经过每个像素点，图 4-2c 是完成整个移动之后的输出。因此二维的图像卷积操作可以表示为：

$$F \circ I(x,y) = \sum_{j=-N}^{N} \sum_{i=-N}^{N} F(i,j) I(x+i, y+j)$$

假设 F 为：

1/9	1/9	1/9
1/9	1/9	1/9
1/9	1/9	1/9

F

I 为：

8	3	4	5
7	6	4	5
4	5	7	8
6	5	5	6

I

8	8	3	4	5	5
8	8	3	4	5	5
7	7	6	4	5	5
4	4	5	7	8	8
6	6	5	5	6	6
6	6	5	5	6	6

I 填充了 1 个像素边缘之后

那么，卷积计算之后的结果 $F \circ I$ 为：

6.44	5.22	4.33	4.67
5.78	5.33	5.22	5.67
5.56	5.44	5.67	6
5.22	5.33	5.78	6.33

2. 均值模糊

上面的概念介绍中，卷积核的所有系数都相同，这种基于相同系数的卷积核完成的卷积操作又称为均值模糊，均值模糊最主要的作用是可以降低图像的噪声、模糊图像、降低图像的对比度。OpenCV 对应的模糊函数在 Imgproc 模块中定义如下：

```
blur(Mat src, Mat dst, Size ksize, Point anchor, int borderType)
```

- src：表示输入图像。

- dst：表示卷积模糊之后输出图像。
- ksize：表示图像卷积核大小。
- anchor：表示卷积核的中心位置。
- 边缘填充的类型，默认情况下为 BORDER_DEFAULT 方式。

使用该函数实现图像模糊的代码方法如下：

```
// read image
Mat src = Imgcodecs.imread(fileUri.getPath());
if(src.empty()){
    return;
}
Mat dst = new Mat();
Imgproc.blur(src, dst, new Size(5, 5), new Point(-1, -1), Core.BORDER_
DEFAULT);

// 转换为 Bitmap，显示
Bitmap bm = Bitmap.createBitmap(src.cols(), src.rows(), Bitmap.Config.
ARGB_8888);
Mat result = new Mat();
Imgproc.cvtColor(dst, result, Imgproc.COLOR_BGR2RGBA);
Utils.matToBitmap(result, bm);

// show
ImageView iv = (ImageView)this.findViewById(R.id.chapter4_imageView);
iv.setImageBitmap(bm);

// release memory
src.release();
dst.release();
result.release();
```

这里使用的卷积核的大小为 5×5，如果想让图像只在水平或者垂直方向模糊，那么只需要把 ksize 参数对应的两个表示大小的参数之一设置为 1 即可举例如下。

- ksize = new Size（15，1）：表示在水平方向模糊。
- ksize = new Size（1，15）：表示在垂直方向模糊。

3. 高斯模糊

上面的模糊中，卷积核的所有系数都相等，称为均值模糊，另外一种更常见的模糊方式是根据空间相对位置的不同，卷积核中的每个系数具有不同的系数（权重），因为我们经常使用高斯正态分布方式来生成权重系数，因此这种模糊又称为高斯模糊。用来生成权重系数的高斯公式通常为：

$$G(x,y)=\frac{1}{2\pi\sigma^2}e^{\frac{x^2+y^2}{2\sigma^2}}$$

$\sigma=1$ 时的分布如图 4-3 所示。

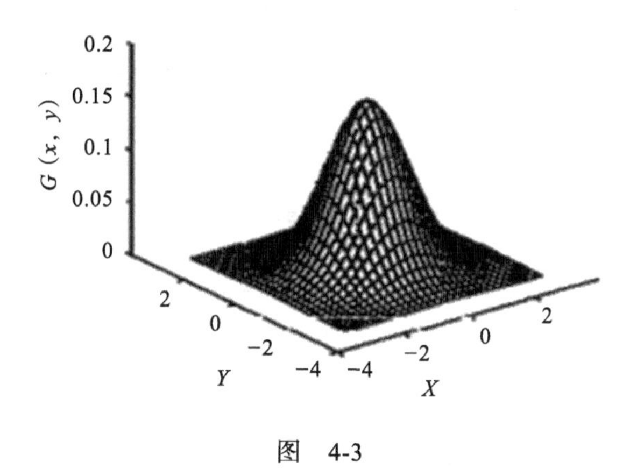

图　4-3

所以从图 4-3 所示的分布可以看出，对于整个卷积核来说，越是在卷积核的中心地方，其系数应该越高，越接近边缘的地区，其系数应该越低，由此即可得知基于高斯的卷积核权重与空间位置之间的关系。同时从上述例子中，也可以看出高斯模糊与参数 σ 相关，σ 越大，模糊程度越大。OpenCV 中高斯模糊 API 处于 Imgproc 模块中，定义如下：

```
GaussianBlur(Mat src, Mat dst, Size ksize, double sigmaX, double sigmaY, int borderType)
```

各个参数解释如下。

- src：表示输入图像，常见为 CV_8UC3/CV_8UC4 类型。
- dst：表示高斯模糊之后的输出图像，类型通常与输入图像保持一致。
- ksize：表示卷积核大小，当 ksize = new Size（0，0）的时候表示从 sigmaX 计算得到。
- sigmaX：表示 *X* 方向的模糊程度。
- sigmaY：表示 *Y* 方向的模糊程度，当 sigmaY 不填写的时候，表从 sigmaX 计算得到。
- borderType：表示边缘填充方式，默认为 BORDER_DEFAULT。

上述的各个参数中，ksize 大小可以通过用户输入参数，或者通过 sigmaX 计算得到。当 ksize 值为非零的时候，就表示 sigmaX 将会通过 ksize 计算产生，无需填写；当 ksize 为零值的时候，sigmaX 就必须为非零值，ksize 大小将由 sigmaX 计算产生。调用高斯模糊 API 代码如下：

```
Imgproc.GaussianBlur(src, dst, new Size(0, 0), 15, 0, Core.BORDER_DEFAULT);
```

其中，最后两个参数可以忽略，调用方式具体如下：

```
Imgproc.GaussianBlur(src, dst, new Size(0, 0), 15);
// 或者
Imgproc.GaussianBlur(src, dst, new Size(15, 15), 0);
```

这样就可以完成调用了。

均值滤波和高斯滤波经常用于图像预处理，能够起到抑制噪声的作用，使用它们选择的卷积核大小通常为 3 × 3 或者 5 × 5。

注意：本章演示代码对应的文件为 ConvolutionActivity.java，本章后续各节将不再特别说明，打开该文件就可以查看完整的演示代码与程序，下载完整项目就可以在 Android Studio 中运行本章的所有演示程序。

4.2　统计排序滤波

4.1 节中提到的两种图像模糊操作都属于图像的线性滤波，本节我们将介绍 OpenCV 中存在的几种基于统计排序的滤波器，它们分别是中值滤波、最大值与最小值滤波，这几种滤波器在特定场合与应用场景下，也经常用来消除图像噪声或者抑制图像像素极小值与极大值。

1. 中值滤波

中值滤波同样也需要一个卷积核，与卷积滤波不同的是，它不会用卷积核的每个系数与对应的像素值做算术计算，而是把对应的像素值做排序，取中间值作为输出，具体说明及解释如图 4-4 所示。

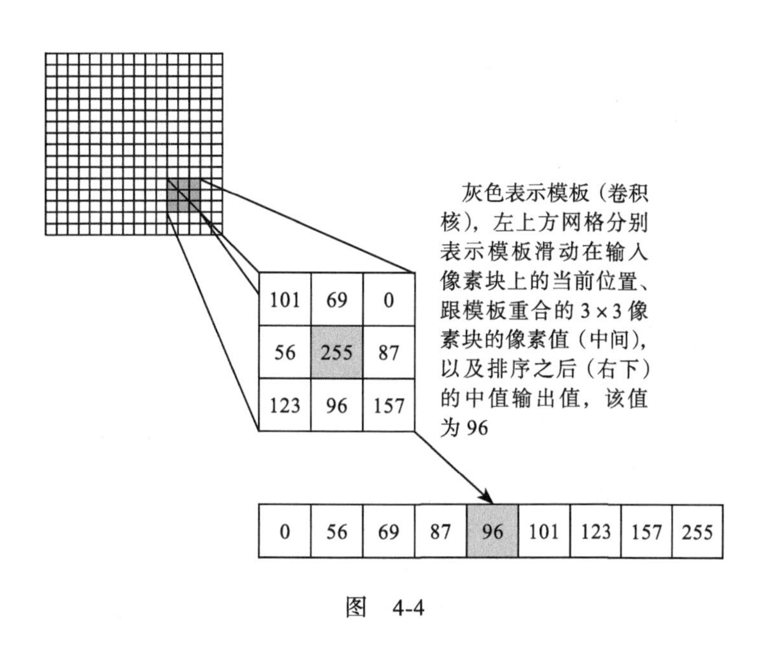
灰色表示模板（卷积核），左上方网格分别表示模板滑动在输入像素块上的当前位置、跟模板重合的 3 × 3 像素块的像素值（中间），以及排序之后（右下）的中值输出值，该值为 96
101
69
0
56
255
87
123
96
157
0
56
69
87
96
101
123
157
255

图　4-4

中值滤波的相关 API 函数处于 Imgproc 包中，完整的说明及各个参数解释的如下：

```
medianBlur(Mat src, Mat dst, int ksize)
```

- src：表示输入图像，当 ksize 为 3、5 的时候输入图像可以为浮点数或者整数类型，当 ksize 大于 5 的时候，则只能为字节类型图像，即 CV_8UC。

- dst：表示中值滤波以后输出的图像，其类型与输入图像保持一致。
- ksize：表示图 4-4 中模板的大小，常见为 3、5，注意模板大小必须为奇数而且必须大于 1。

调用此函数实现中值滤波的相关代码如下：

```
Mat src = Imgcodecs.imread(fileUri.getPath());
if(src.empty()){
    return;
}
Mat dst = new Mat();
Imgproc.medianBlur(src, dst, 5);
```

中值滤波对图像的椒盐噪声有很明显的抑制作用，是一个很好的图像降噪的滤波函数。

2. 最大值与最小值滤波

最大值与最小值滤波和中值滤波极其相似，唯一不同的就是对于排序之后的像素数组，前两者分别用最大值或者最小值来取代中心像素点作为输出，说明及解释如图 4-5 所示。

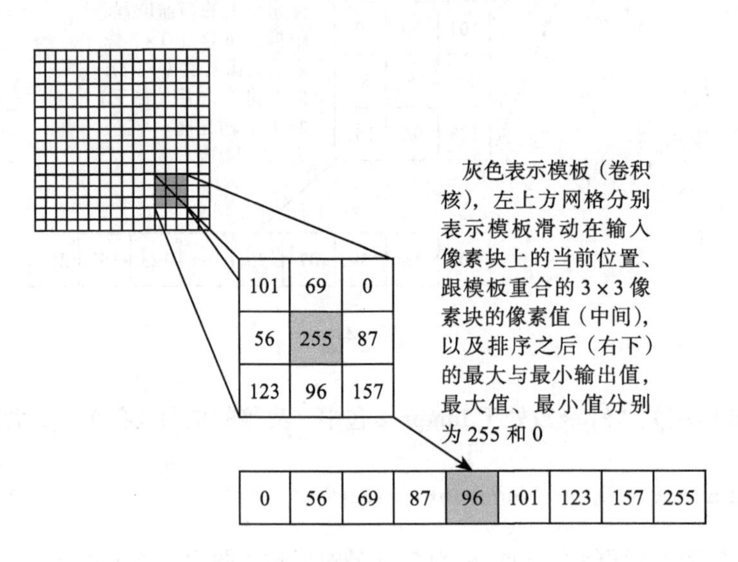
101
69
0
56
255
87
123
96
157
灰色表示模板（卷积核），左上方网格分别表示模板滑动在输入像素块上的当前位置、跟模板重合的 3×3 像素块的像素值（中间），以及排序之后（右下）的最大与最小输出值，最大值、最小值分别为 255 和 0
0
56
69
87
96
101
123
157
255

图　4-5

OpenCV没有以max或min单词开头来命名的最大或者最小值滤波函数，而是通过两个形态学操作函数来替代实现最大值与最小值滤波。它们分别是dilate与erode。对于这两个函数的说明具体如下：

```
dilate(Mat src, Mat dst, Mat kernel) // 膨胀（最大值滤波）用最大值替换中心像素
```

- src：表示输入图像。
- dst：表示输出图像。
- kernel：表示结构元素或者卷积核，注意它可以是任意形状。

```
erode(Mat src, Mat dst, Mat kernel) // 腐蚀（最小值滤波）用最小值替换中心像素
```

- src：表示输入图像。
- dst：表示输出图像。
- kernel：表示结构元素或者卷积核，注意它可以是任意形状。

其中获取结构元素的代码如下：

```
Mat kernel = Imgproc.getStructuringElement(Imgproc.MORPH_RECT, new Size(3, 3));
```

上述代码将会成功生成一个 3×3 大小的矩形结构元素。

使用该结构元素实现最大值或者最小值滤波的代码如下：

```
Mat src = Imgcodecs.imread(fileUri.getPath());
if(src.empty()){
return;
}
Mat dst = new Mat();
Mat kernel = Imgproc.getStructuringElement(
                        Imgproc.MORPH_RECT, new Size(3, 3));
// Imgproc.dilate(src, dst, kernel);
Imgproc.erode(src, dst, kernel);
```

统计排序滤波器是最简单的非线性滤波器，它可以帮助我们抑制图像中特定类型的噪声，是非常有用的图像滤波器。

4.3 边缘保留滤波

除了 4.2 节中提到的统计排序滤波器，还有一类滤波器也是非线性滤波，它们的实现算法各有不同，但作用却是惊人的相似，这类滤波通常称为图像边缘保留滤波。OpenCV 中已经实现的边缘保留滤波有高斯双边滤波、金字塔均值迁移滤波，它们无一例外都拥有类似于人脸美化或者图像美化的效果，是很好的图像边缘保留滤波（EPF）方法。下面我们就分别介绍这两张滤波方法的基本原理以及与它们对应的函数参数说明与使用。

1. 高斯双边滤波

高斯双边滤波是在高斯滤波的基础上进一步拓展与延伸出来的图像滤波方法，blur 操作是图像均值模糊，会导致图像出现轮廓与边缘消失的现象，而高斯模糊则会产生类似于毛玻璃的效果，导致边缘扩展效应明显、图像边缘细节丢失的问题。双边滤波器（Bilateral Filter）可以在很好地保留边缘的同时，抑制平坦区域图像的噪声。双边滤波器能做到这些的原因在于它不像普通的高斯 / 卷积低通滤波，其不仅考虑了位置对中心像素的影响，还考虑了卷积核中像素与中心像素之间相似程度的影响，据说，Adobe Photoshop 的高斯磨皮功能就是应用了此技术。图 4-6 形象地解释了高斯双边滤波的原理。

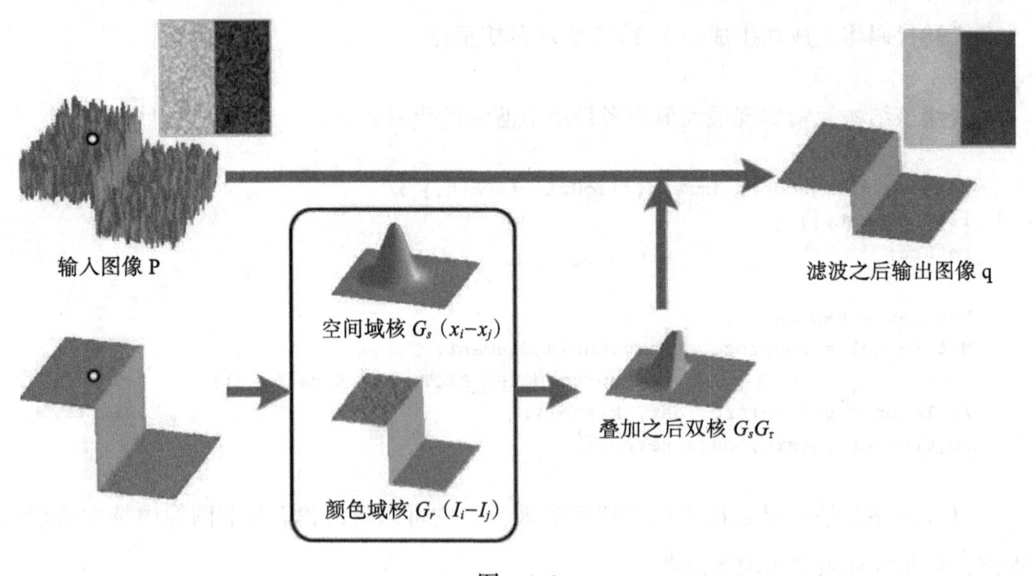

图　4-6

高斯双边滤波的函数为：

```
bilateralFilter(Mat src, Mat dst, int d, double sigmaColor, double sigmaSpace)
```

各个参数的解释具体如下。

- src：表示输入图像。
- dst：表示输出图像。
- d：表示用来过滤的卷积核直径大小，一般取0，意思是从sigmaColor参数自动计算。
- sigmaColor：颜色权重计算时候需要的参数。
- sigmaSpace：空间权重计算时候需要的参数。

通常情况下，sigmaColor的取值范围在100～150左右，sigmaSpace的取值范围在10～25之间的时候，双边滤波的效果比较好，调用函数时的速度也会比较快。使用该函数实现图像双边滤波的代码如下：

```
Mat src = Imgcodecs.imread(fileUri.getPath());
if(src.empty()){
return;
}
Mat dst = new Mat();
Imgproc.bilateralFilter(src, dst, 0, 150, 15);
```

2. 均值迁移滤波

均值迁移滤波主要是通过概率密度估算与中心迁移的方式来实现图像边缘保留滤波，其基本原理是通过创建大小指定的卷积核窗口，搜索并计算该窗口中心像素$P(x, y)$范围内所有满足条件的像素，计算它们的中心位置，然后基于新中心位置再次计算更新，直到中心位置不再变化或者两次变化的中心的距离满足指定的收敛精度值为止。一个更直观的图示解释如图4-7所示。

图4-7中的虚线圆是前一个迭代的窗口位置与中心，实线圆是当前的窗口与中心，可以看出随着迭代计算中心的不断迁移，重心位置越来越趋近高密度区域，直到稳定为

止。OpenCV 中均值迁移滤波函数处于 Imgproc 模块中，其还可以被用作图像自动分割方法之一，相关 API 及其参数解释具体如下：

```
pyrMeanShiftFiltering(Mat src, Mat dst, double sp, double sr, int maxLevel,
TermCriteria termcrit)
```

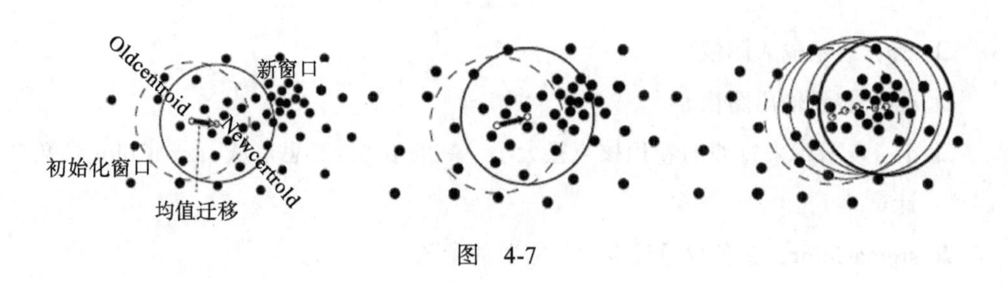

图　4-7

- src：输入图像。
- dst：输出图像。
- sp：图像色彩空间，也是窗口大小。
- sr：图像色彩像素值范围，也是像素差值范围。
- maxLevel：表示金字塔的层数，当 maxLevel 大于 0 的时候，金字塔层数为 Level+1。
- termcrit：表示循环或者迭代停止条件。

通常最后两个参数使用默认值即可，无须再次显式声明。使用该函数的代码极其简单，显示如下：

```
Imgproc.pyrMeanShiftFiltering(src, dst, 10, 50);
```

除了 OpenCV 实现的这两种常用的边缘保留滤波方法之外，常见的边缘保留滤波方法还包括图像各向异性滤波、局部均方差滤波、导向滤波等，感兴趣的读者可以阅读相关的资料文档。

4.4　自定义滤波

OpenCV 中除了上述几种常见的滤波方法以外，还支持自定义卷积核，用于实现自定义滤波。本节就通过自定义卷积核实现图像卷积的模糊、锐化、梯度计算这三个典型的卷积处理功能，演示图像自定义卷积核与相关API函数的使用方法。自定义卷积核调用的滤波API与参数解释具体如下：

```
filter2D(Mat src, Mat dst, int ddepth, Mat kernel)
```

- src：表示输入图像。
- dst：表示输出图像。
- ddepth：表示输出图像深度，−1表示与输入图像一致即可。
- kernel：表示自定义图像卷积。

下面就来介绍几种常用的自定义卷积核。

1. 模糊

最常见的图像模糊的卷积核如下：

1	1	1
1	1	1
1	1	1

3×3模糊卷积核

自定义3×3的模糊卷积核代码如下：

```
Mat k = new Mat(3, 3, CvType.CV_32FC1);
float[] data = new float[]{1.0f/9.0f,1.0f/9.0f,1.0f/9.0f,
            1.0f/9.0f, 1.0f/9.0f, 1.0f/9.0f,
            1.0f/9.0f, 1.0f/9.0f, 1.0f/9.0f};
k.put(0, 0, data);
```

除了自定义均值模糊之外，还可以实现自定义近似高斯模糊卷积核定义，卷积核如下：

0	1	0
1	4	1
0	1	0

不同权重近似高斯卷积核模糊

近似高斯模糊卷积核相关代码实现如下：

```
Mat k = new Mat(3, 3, CvType.CV_32FC1);
float[] data = new float[]{0,1.0f/8.0f,0,
                           1.0f/8.0f, 0.5f, 1.0f/8.0f,
                           0, 1.0f/8.0f, 0};
k.put(0, 0, data);
```

2. 锐化

图像锐化可以提高图像的对比度，轻微去模糊，提升图像质量，通过自定义锐化算子可以实现图像的锐化，对输入图像实现质量增强与提升，常见的两个锐化算子如下：

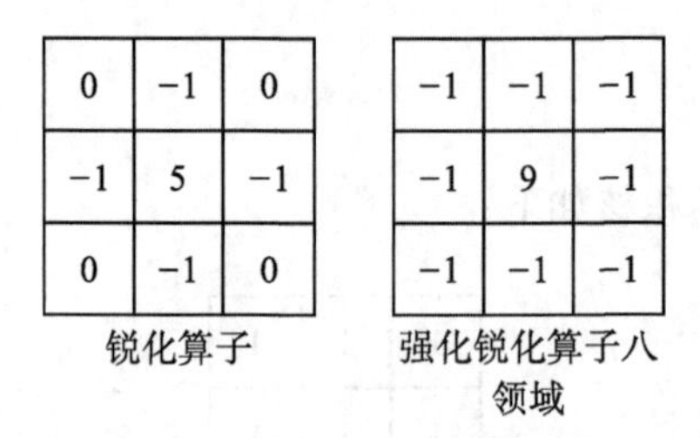

0	−1	0
−1	5	−1
0	−1	0

−1	−1	−1
−1	9	−1
−1	−1	−1

锐化算子　　强化锐化算子八领域

自定义实现锐化算子的代码如下：

```
Mat k = new Mat(3, 3, CvType.CV_32FC1);
float[] data = new float[]{0,-1,0,-1, 5, -1,0, -1, 0};
k.put(0, 0, data);
```

3. 梯度

图像边缘是图像像素变化比较大的区域，是图像特征表征的候选区域之一，在图像特征提取、图像二值化等方面有很重要的应用。而通过自定义卷积算子实现梯度图像是查找边缘的关键步骤之一，最简单的计算图像梯度功能的卷积核为 Robot 算子，其表示如下：

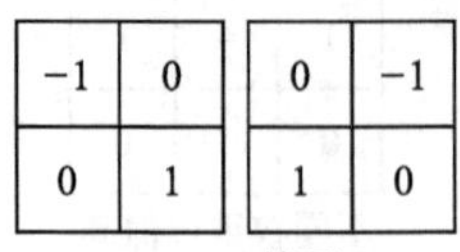

−1	0
0	1

0	−1
1	0

Robert 算子

其中，左侧是Robert算子的X方向梯度、Y方向梯度。自定义Robert算子的相关代码如下：

```
Mat kx = new Mat(3, 3, CvType.CV_32FC1);
Mat ky = new Mat(3, 3, CvType.CV_32FC1);
// X方向梯度算子
float[] robert_x = new float[]{-1,0,0,1};
kx.put(0, 0, robert_x);
// Y方向梯度算子
float[] robert_y = new float[]{0,1,-1,0};
ky.put(0, 0, robert_y);
```

使用上述自定义的卷积核实现自定义滤波的代码如下：

```
Imgproc.filter2D(src, dst, -1, k);
```

完整的程序演示代码请查看源代码文件。

4.5　形态学操作

OpenCV中提供了几个非常有用的图像形态学操作API，其工作原理与卷积类似，不同的是，我们称呼卷积核为结构元素、计算方式也由算术运算改为简单集合运算与逻辑运算，而且可以将结构元素定义为任意结构。最常见的结构元素有矩形、线形、圆形、十字交叉形等。OpenCV支持的图像形态学操作主要有膨胀、腐蚀、开操作、闭操作、黑帽、顶帽、形态学梯度。下面就对它们一一加以说明并进行API代码演示。

1. 腐蚀与膨胀

膨胀与腐蚀是最基本的图像形态学操作，与卷积计算类似，其也需要一个类似卷积核的结构元素，与输入图像像素数据完成计算，腐蚀与膨胀的常见操作对象主要是二值图像或者灰度图像，OpenCV所有的形态操作都可以扩展到彩色图像，而腐蚀与膨胀扩展到彩色图像就是前面提到的图像最小值与最大值滤波。腐蚀操作的定义如图4-8所示。

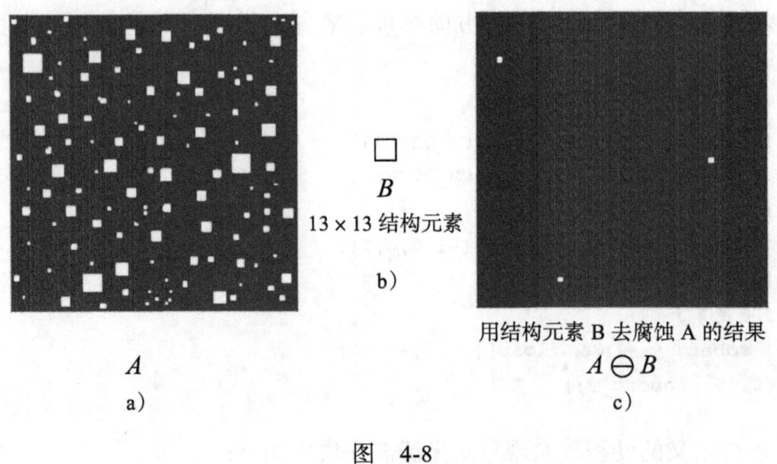

图　4-8

图 4-8a 是输入的二值图像 A，图 4-8b 是结构元素 B，则腐蚀操作的输出为图 4-8c 所示的图像。同样，将图 4-8c 所示的图像作为输入，使用相同的结构元素进行膨胀操作，则可以得到如图 4-9 所示的图像

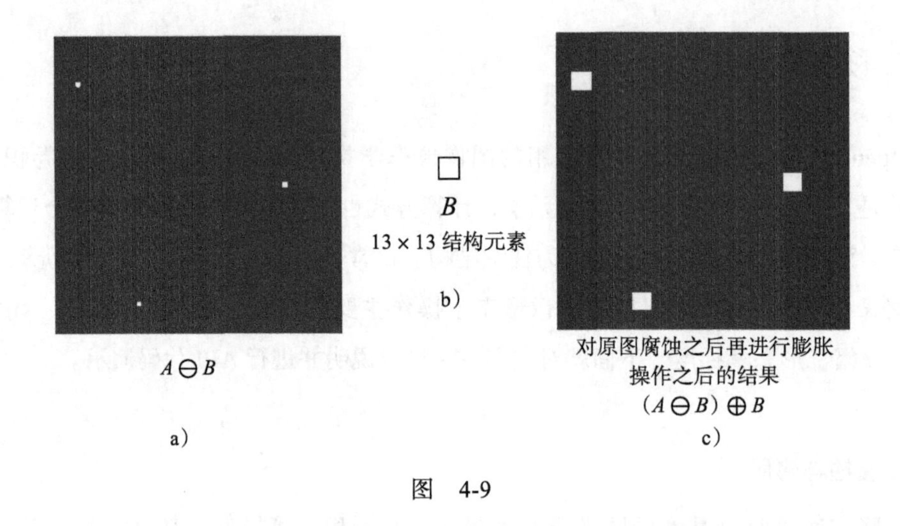

图　4-9

从图 4-9 可以看出，形态学的腐蚀与膨胀结合使用可以实现图像噪声的消除，分离出独立的图像形状与几何元素，断开或者连接相邻的像素。其中，膨胀是使用局部极大值替换中心像素，腐蚀与它正好相反，是使用局部极小值替换中心像素，而局部就是指结构元素，结构元素的形状与大小，关于最终的输出结果存在内在对应关系与联系。膨

胀与腐蚀的 API 就是前面提到的 dialate 与 erode，这里的结构元素可以通过如下的 API 函数调用产生：

```
getStructuringElement(int shape, Size ksize, Point anchor)
```

- shape：表示结构元素的形状类型。
- ksize：表示结构元素的大小。
- achor：表示结构元素中心点（锚点）的位置。

其中结构元素支持以下的形状类型。

- MORPH_RECT：矩形。
- MORPH_CROSS：十字交叉。
- MORPH_ELLIPSE：椭圆或者圆形。

2. 开闭操作

开闭操作是基于腐蚀与膨胀组合形成的新的形态学操作，开操作有点像腐蚀操作，主要是用来去除小的图像噪声或者图像元素对象黏连，开操作可定义为一个腐蚀操作再加上一个膨胀操作，两个操作使用相同的结构元素，开操作表示为：

```
dst = open(src, element) = dilate(erode(src, element), element)
```

其中，src 是输入图像、dst 是输出图像、element 是结构元素。

闭操作有点像膨胀，但是它与膨胀不同，它只会填充小的闭合区域，闭操作可定义为一个膨胀操作再接一个腐蚀操作，闭操作可以表示为：

```
dst = close(src, element) = erode(dilate(src, element), element)
```

假设输入的图像如图 4-10a 所示，使用 15 × 15 的矩形结构元素分别对它完成开操作与闭操作，输出的结果将显示为图 4-10b 与图 4-10c 所示的图像。

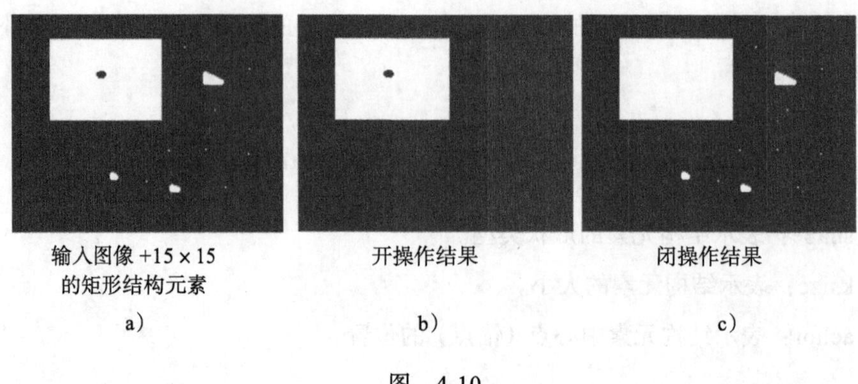

输入图像 +15 × 15 的矩形结构元素

a)

开操作结果

b)

闭操作结果

c)

图 4-10

3. 顶帽与黑帽

顶帽与黑帽操作是由形态学的开闭操作之后的结果与原图进行运算得到的结果，用于在灰度图像或者显微镜图像上分离比较暗或者明亮的斑点。顶帽操作表示的是输入图像与图像开操作之间的不同，表示如下：

```
dst = tophat(src, element)=src - open(src, element)
```

黑帽操作表示的是图像闭操作与输入图像之间的不同，可以表示为：

```
dst = blackhat(src, element)=close(src, element) - src
```

对于图 4-10a 所示的图像使用 15 × 15 的结构元素完成顶帽与黑帽的操作结果如图 4-11 所示。

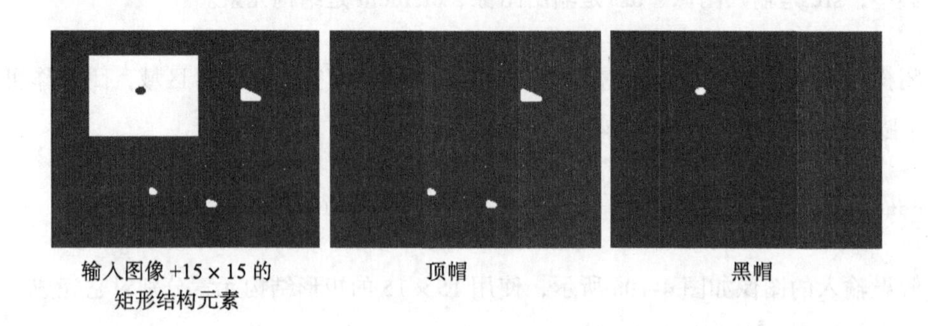

输入图像 +15 × 15 的矩形结构元素

顶帽

黑帽

图 4-11

4. 梯度

图像的形态学梯度又称为基本梯度，是通过最基本的两个形态学操作膨胀与腐蚀之间的差值得到的，可以表示如下：

```
dst = morph-gradient(src, element) = dilate(src, element) - erode(src,
element)
```

其中，腐蚀与膨胀操作使用的结构元素必须相同。对于图4-12a所示的图像使用15×15的结构元素完成形态学梯度的操作，结果如图4-12b所示。

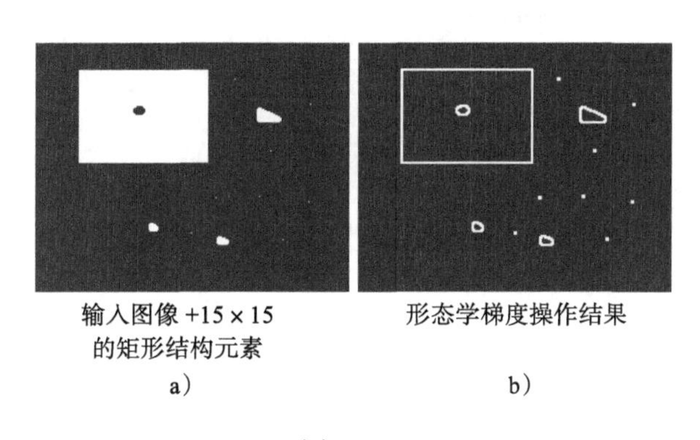

输入图像+15×15的矩形结构元素
a)

形态学梯度操作结果
b)

图 4-12

完整的形态学演示代码如下：

```
private void morphologyDemo(Mat src, Mat dst, int option) {

    // 创建结构元素
    Mat k = Imgproc.getStructuringElement(
            Imgproc.MORPH_RECT, new Size(15, 15), new Point(-1, -1));

    // 形态学操作
    switch (option) {
            case 0: // 膨胀
                    Imgproc.morphologyEx(src, dst, Imgproc.MORPH_DILATE, k);
                    break;
            case 1: // 腐蚀
                    Imgproc.morphologyEx(src, dst, Imgproc.MORPH_ERODE, k);
                    break;
            case 2: // 开操作
                    Imgproc.morphologyEx(src, dst, Imgproc.MORPH_OPEN, k);
```

```
                break;
            case 3: // 闭操作
                Imgproc.morphologyEx(src, dst, Imgproc.MORPH_CLOSE, k);
                break;
            case 4: // 黑帽
                Imgproc.morphologyEx(src, dst, Imgproc.MORPH_BLACKHAT, k);
                break;
            case 5: // 顶帽
                Imgproc.morphologyEx(src, dst, Imgproc.MORPH_TOPHAT, k);
                break;
            case 6: // 基本梯度
                Imgproc.morphologyEx(src, dst, Imgproc.MORPH_GRADIENT, k);
                break;
            default:
                break;
        }
    }
```

完整的源代码可以参见4.1节提到的源代码文件。

4.6 阈值化与阈值

对于彩色或者灰度图像，可以设置多个或者一个阈值，使用它们就可以实现对图像像素数据的分类，这在图像处理上有一个专门的术语——图像分割。对灰度图像来说，图像分割本质上就是图像阈值化的过程，OpenCV中提供了五种图像阈值化的方法，假设对于灰度图像，给定一个灰度值 T 作为阈值，则可以通过这五种阈值化方法实现对灰度图像的阈值化分割，下面就来介绍这五种阈值化分割方法。在详细说明这五种阈值化分割方法之前，假设灰度图像分布及其阈值 T（灰度图像取值范围为0～255，$0<T<255$）如图4-13所示。

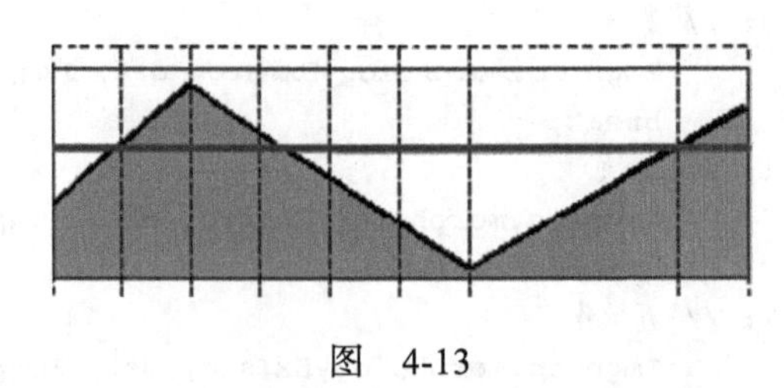

图 4-13

其中，直线所在的位置为阈值 T，灰度区域表示图像像素分布。

1. 阈值二值化

对于图像阈值二值化，是令大于阈值 T 的值为最大灰度值 −255，小于阈值 T 的值为最小的灰度值 0，图像阈值二值化可表示为如下形式：

$$\mathrm{dst}(x,y)=\begin{cases}255, & \mathrm{src}(x,y)>T\\ 0, & \mathrm{src}(x,y)\leqslant T\end{cases}$$

则最初的灰度分布将如图 4-14 所示。

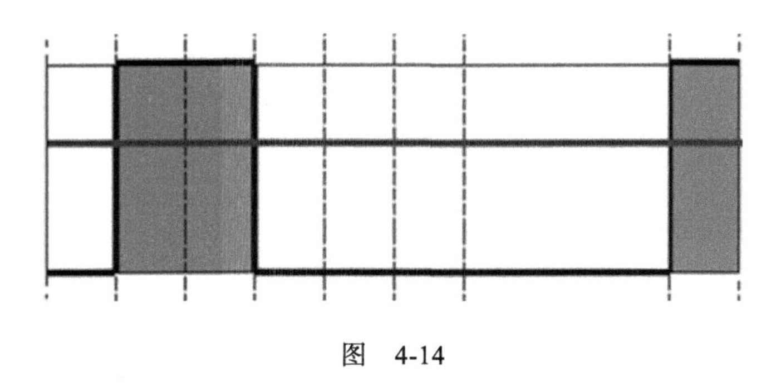

图　4-14

可以看出，大于阈值线的部分灰度分布变成最大值 255，小于阈值的部分则等于 0。

2. 反阈值二值化

与阈值二值化不同的是反阈值二值化，其定义为若大于阈值 T，则赋值等于最小灰度值 −0，若小于阈值 T，则赋值等于最大的灰度值 255，表示如下：

$$\mathrm{dst}(x,y)=\begin{cases}0, & \mathrm{src}(x,y)>T\\ 255, & \mathrm{src}(x,y)\leqslant T\end{cases}$$

则最初的灰度分布将如图 4-15 所示。

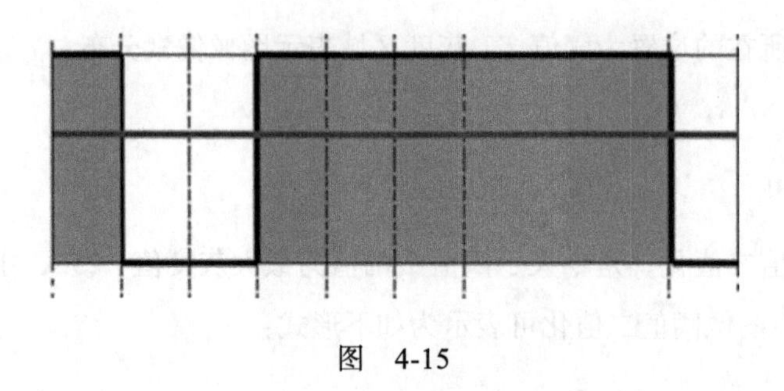

图　4-15

3. 阈值截断

阈值截断的定义为若大于阈值 T，则赋值等于阈值 T，若小于阈值 T，则维持原来的灰度值不变，表示如下：

$$\text{dst}(x,y)=\begin{cases}T,\ \text{src}(x,y)>T\\ \text{src}(x,y),\ \text{src}(x,y)\leqslant T\end{cases}$$

则最初的灰度分布如图 4-16 所示。

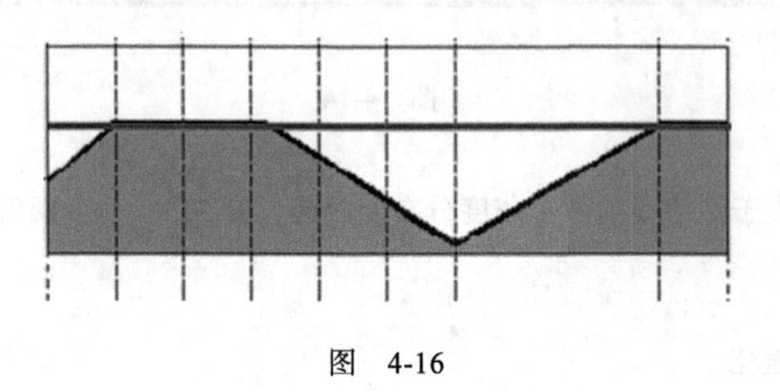

图　4-16

4. 阈值取零

阈值取零的定义为若大于阈值，则 T 保持不变，若小于阈值，则 T 的像素值赋值等于零，表示如下：

$$\text{dst}(x,y)=\begin{cases}\text{src}(x,y),\ \text{src}(x,y)>T\\ 0,\ \text{src}(x,y)\leqslant T\end{cases}$$

则最初的灰度分布将如图 4-17 所示。

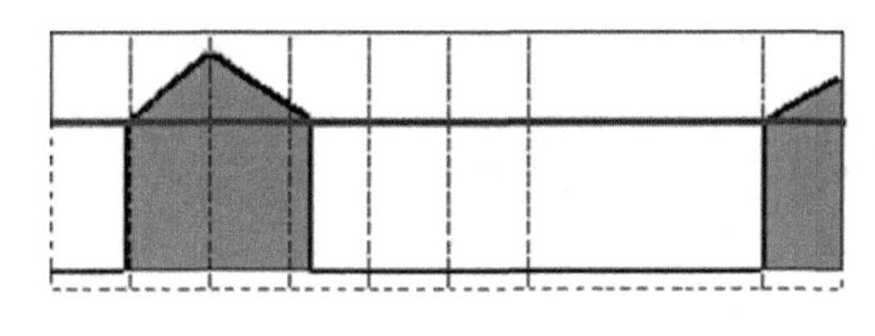

图　4-17

5. 反阈值取零

反阈值取零是与阈值取零相反的操作，它的定义是若大于阈值 T，则赋值为零，若小于阈值 T，则像素值保持不变，表示如下：

$$\text{dst}(x,y)=\begin{cases}0,\ \text{src}(x,y)>T\\ \text{src}(x,y),\ \text{src}(x,y)\leqslant T\end{cases}$$

则最初的灰度分布将如图 4-18 所示。

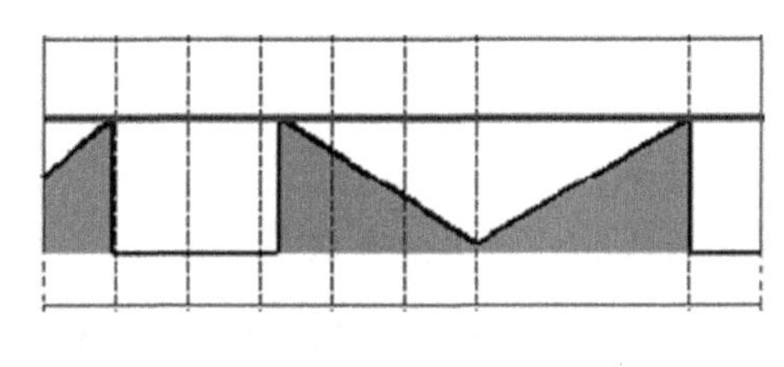

图 4-18

OpenCV 中阈值化的 API 及其参数解释如下：

```
threshold(Mat src, Mat dst, double thresh, double maxval, int type)
```

- src：输入图像，一般为 8 位单通道的灰度图像。
- dst：输出图像，类型与输入图像相同。
- thresh：阈值 T。
- maxval：最大灰度值，一般为 255。

- type：阈值化方法必须是上述五种方法之一，最常见的是阈值二值化。

五种阈值化方法在 OpenCV 中枚举类型的定义具体如下。

- THRESH_BINARY = 0：阈值二值化。
- THRESH_BINARY_INV = 1：反阈值二值化。
- THRESH_TRUNC = 2：阈值截断。
- THRESH_TOZERO = 3：阈值取零。
- THRESH_TOZERO_INV = 4：反阈值取零。

6. 阈值

上面的几种方法都是介绍如何对灰度图像进行阈值化操作，需要预先知道阈值 T，OpenCV 还提供了几种计算阈值 T 的方法，可以帮助我们自动计算阈值，当声明自动计算阈值 T 的时候，阈值化函数中的 thresh 赋值将不再起作用。OpenCV 支持的两种全局自动计算阈值方法分别为 OTSU 与 Triangle，这两种方法都是以图像直方图统计数据为基础来自动计算阈值的。此外，OpenCV 还有两种自适应阈值分割方法，它们是基于局部图像自动计算阈值的方法，首先解释一下全局阈值分割方法 OTSU 与 Triangle。

（1）OTSU

假设阈值为 T，将直方图数据分割为两个部分，计算它们的类内方差与类间方差，最终最小类内方差或者最大类间方差对应的灰度值就是要计算得到的阈值 T，OpenCV 中使用 OTSU 方法实现灰度图像阈值化的代码如下：

```
int t = 127;
int maxValue = 255;
Mat gray = new Mat();
Imgproc.cvtColor(src, gray, Imgproc.COLOR_BGR2GRAY);
Imgproc.threshold(gray, dst, t, maxValue,
            Imgproc.THRESH_BINARY | Imgproc.THRESH_OTSU);
```

（2）Triangle

三角阈值法是对得到的直方图数据寻找最大峰值，从最大峰值得到垂直 45° 方向的三角形，计算最大斜边到直方图的距离 d，对应的直方图灰度值即为图像阈值 T，如图 4-19 所示。

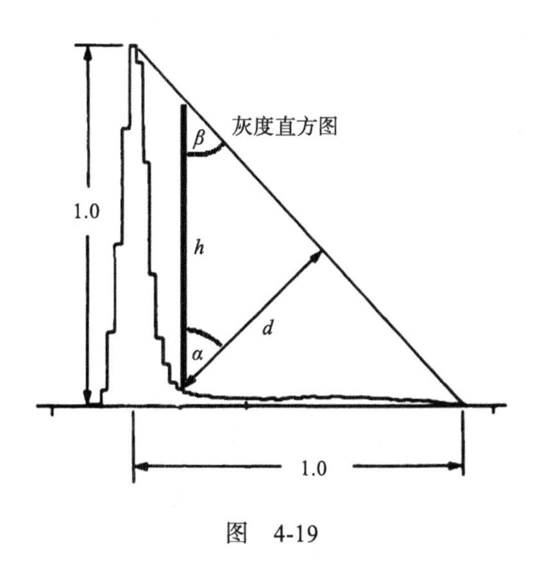

图 4-19

OpenCV 中使用 Triangle 方法实现灰度图像阈值化的代码如下：

```
Imgproc.threshold(gray, dst, t, maxValue,
            Imgproc.THRESH_BINARY | Imgproc.THRESH_TRIANGLE);
```

（3）自适应阈值

除了上述两种全局阈值方法，OpenCV 还提供了图像自适应阈值化方法，自适应阈值计算方法有 C 均值与高斯 C 均值两种，具体如下：

- ADAPTIVE_THRESH_MEAN_C
- ADAPTIVE_THRESH_GAUSSIAN_C

相关的 API 与参数解释分别如下。

```
    adaptiveThreshold(Mat src, Mat dst, double maxValue, int adaptiveMethod, int
thresholdType, int blockSize, double C)
```

- src：输入图像，一般为 8 位单通道的灰度图像。

- dst：输出图像，类型与输入图像相同。
- maxValue：最大灰度值，通常为 255。
- adaptiveMethod：自适应方法，C 均值或者高斯 C 均值。
- thresholdType：阈值化方法，五种阈值化方法之一，常见的阈值化方法为 THRESH_BINARY。
- blockSize：分块大小，必须为奇数。
- C：常量数值，阈值化的时候使用计算得到阈值 +C 之后做阈值化分割。

自适应实现阈值化分割的代码如下：

```
Imgproc.adaptiveThreshold(src, dst, 255,
            Imgproc.ADAPTIVE_THRESH_GAUSSIAN_C,
            Imgproc.THRESH_BINARY, 15, 10);
```

完整的演示程序源代码请参考 4.1 节中提到的源文件。运行与使用源代码也是本书的一部分内容，可以帮助读者深入理解本书的内容。

4.7　小结

本章详细地介绍了图像 OpenCV 中图像处理模块的主要内容，本章所有的 API 都在 Imgproc 包中调用。本章从卷积在 OpenCV 中的基本概念与应用开始，介绍了图像卷积的相关知识与 API 应用、参数意义，同时涵盖了卷积图像处理的空间域部分；通过自定义卷积核介绍，理解与掌握自定义滤波函数的使用，同时通过图像形态学、图像二值化知识的学习来进一步理解图像处理中关于灰度与二值图像的操作；介绍了 OpenCV 对应 API 函数的使用与相关参数的意义，学习好本章内容是继续学习后续章节内容的一个十分必要的前提条件。代码编程与运行实践也是本章内容的一部分，可有助于大家更好地掌握相关 API 的使用。

CHAPTER 5

第5章

基本特征检测

图像处理模块中除了第4章讲述的内容以外，还包括一些常见的图像分析相关API与知识点，这些知识点包含计算图像梯度，提取边缘，检测图像中的几何形状（如直线、圆等），查找图像中各个元素的轮廓，计算各个轮廓的周长与面积，最佳逼近，外形匹配等。本章将继续学习OpenCV图像处理中的上述知识点与API应用。

掌握与灵活运用上述API函数，可以在移动端为我们解决图像处理问题提供极大的方便，使我们在工作中能够游刃有余地解决图像处理相关的技术问题与技术需求。

5.1 梯度计算

计算图像梯度是很多特征提取的关键中间步骤之一，OpenCV提供了两个非常有用的梯度计算函数Sobel与Scharr，其本身的实现原理就是在第4章提到的卷积相关知识。梯度可以反映出图像的像素差异：对于图像边缘部分，梯度值会比较大；对于图像的平坦区域，梯度值一般比较小。更多时候，图像的梯度计算是基于数学离散一阶导数概念拓展与延伸的，可以形象地用图5-1来表示。

图5-1a的圆圈中心处是边缘交界点，图5-1b所示的曲线图反映的是图5-1a中圆圈内从左侧到右侧灰度值的变化，对图5-1b所示的曲线图求取一阶导数之后得到如图5-1c所示的图像，因为在边缘有最大的梯度变化，所以图5-1c所示的曲线图上交界处有局部

最大值（梯度）。在 OpenCV 中，实现这种梯度计算的函数分别为 Sobel 与 Scharr。

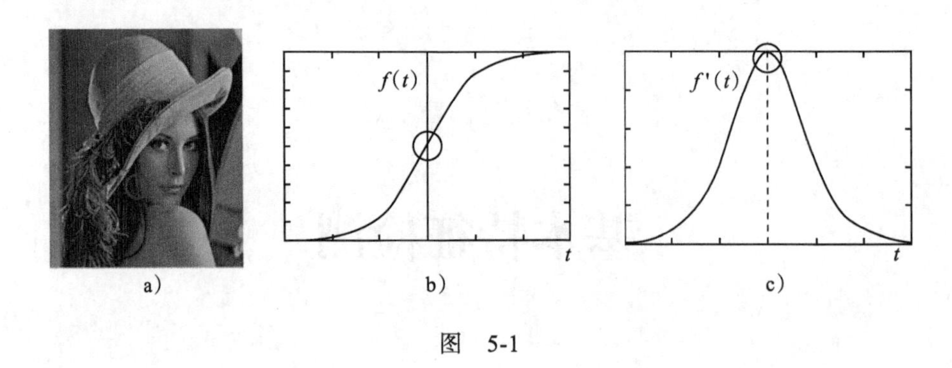

图　5-1

1. Sobel 梯度

Sobel 梯度算子分为 X 方向与 Y 方向，可以分别计算 X 方向与 Y 方向的梯度图像，假设有图像 I，计算它的 X 方向与 Y 方向的梯度之后，再对结果进行平均权重相加就可以得到梯度图像。计算梯度图像所用的 Sobel 算子如下：

$$G_x = \begin{bmatrix} -1 & 0 & +1 \\ -2 & 0 & +2 \\ -1 & 0 & +1 \end{bmatrix} \qquad G_y = \begin{bmatrix} -1 & -2 & -1 \\ 0 & 0 & 0 \\ +1 & +2 & +1 \end{bmatrix}$$

相关 API 函数与参数的解释如下：

```
Sobel(Mat src, Mat dst, int ddepth, int dx, int dy)
```

- src：表示输入图像。
- dst：表示输出图像。
- ddepth：表示输出图像的深度，常见为 CV_32SC 或者 CV_32F。
- dx：表示计算 X 方向的梯度，1 表示是，0 表示否。
- dy：表示计算 Y 方向的梯度，1 表示计算，0 表示不计算。

使用上述函数的时候，初学者经常会犯的一个错误是使参数 ddepth=−1，这样就会导致输入图像与输出图像深度相同，当输入图像是 8 bit 的时候，计算出来的输出梯度图像就会有数据截断或者溢出，从而导致整个梯度图像计算错误。使用该函数计算图像梯度的代码如下：

```
// X方向梯度
Mat gradx = new Mat();
Imgproc.Sobel(src, gradx, CvType.CV_32F, 1, 0);
Core.convertScaleAbs(gradx, gradx);
Log.i("OpenCV", "XGradient....");
// Y方向梯度
Mat grady = new Mat();
Imgproc.Sobel(src, grady, CvType.CV_32F, 0, 1);
Core.convertScaleAbs(grady, grady);
Log.i("OpenCV", "YGradient....");

Core.addWeighted(gradx,0.5, grady, 0.5, 0, dst);
gradx.release();
grady.release();
Log.i("OpenCV", "Gradient.....");
```

2. Scharr 梯度

Scharr 梯度算子是 Sobel 算子的升级加强版本，其作用与 Sobel 算子类似，只是它是一种更强的梯度计算算子，Scharr 算子表示如下：

$$G_x = \begin{bmatrix} -3 & 0 & +3 \\ -10 & 0 & +10 \\ -3 & 0 & +3 \end{bmatrix} \qquad G_y = \begin{bmatrix} -3 & -10 & -3 \\ 0 & 0 & 0 \\ +3 & +10 & +3 \end{bmatrix}$$

相关 API 函数如下：

```
Scharr(Mat src, Mat dst, int ddepth, int dx, int dy)
```

其参数解释与 Sobel 函数类似，这里不再赘述。使用 Scharr 算子实现梯度图像计算的代码如下：

```
// X方向梯度
Mat gradx = new Mat();
Imgproc.Scharr(src, gradx, CvType.CV_32F, 1, 0);
```

```
Core.convertScaleAbs(gradx, gradx);

// Y方向梯度
Mat grady = new Mat();
Imgproc.Scharr(src, grady, CvType.CV_32F, 0, 1);
Core.convertScaleAbs(grady, grady);

Core.addWeighted(gradx,0.5, grady, 0.5, 0, dst);
```

除了可以使用以上两个已经实现的图像梯度计算函数之外，还可以通过第 4 章提到的自定义算子来实现自定义的图像梯度计算。

5.2 拉普拉斯算子

前面提到了如何使用一阶导数算子 Sobel 计算图像梯度，边缘区域的梯度值会有最大的跃迁，如果对图像使用二阶导数计算的话，那么又会发生什么情况呢？先来看图 5-2。

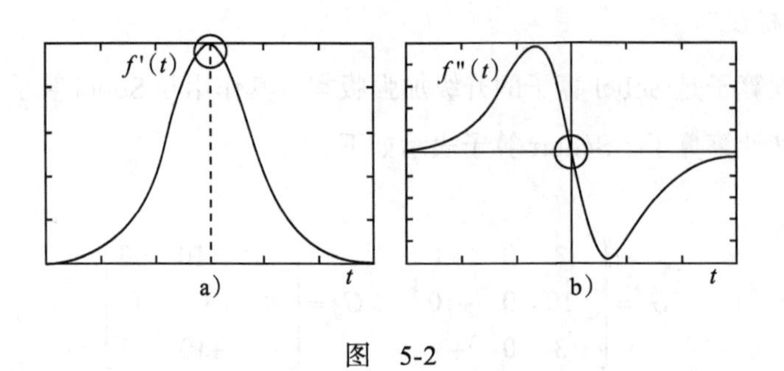

图　5-2

由图 5-2 可以看出，一阶导数的最大跃迁处，在二阶导数的计算中变成了过零点，从这里也可以看出，图像边缘在二阶导数的作用下，其周围具有极大值或极小值。最常见的二阶导数算子为拉普拉斯算子，有四邻域与八领域两种，分别如下：

$$\begin{bmatrix} 0 & -1 & 0 \\ -1 & 4 & -1 \\ 0 & -1 & 0 \end{bmatrix}\begin{bmatrix} -1 & -1 & -1 \\ -1 & 8 & -1 \\ -1 & -1 & -1 \end{bmatrix}$$

四邻域　　　　八邻域

OpenCV 中拉普拉斯函数的实现是基于四邻域算子的，其 API 函数与参数解释具体如下：

```
Laplacian(Mat src, Mat dst, int ddepth, int ksize, double scale, double delta)
```

- src：输入图像。
- dst：输出图像。
- ddepth：输出图像深度，常见的是 CV_32F。
- ksize：最常见的是 3×3，ksize=3。
- scale：是否缩放，默认 scale=1。
- delta：是否调整像素，默认 delta=0。

在调用的时候，可以直接忽略后面三个参数，不用填写。使用拉普拉斯函数实现图像二阶导数计算的代码如下：

```
Imgproc.Laplacian(src, dst, CvType.CV_32F, 3, 1.0, 0);
Core.convertScaleAbs(dst, dst);
```

拉普拉斯既可以用于图像增强，同时也可以用于边缘检测，当它用于边缘检测的时候稍微有点麻烦，首先是边缘的二阶导数会过零点，但是平坦区域也是零，因此会导致无法区分边缘与平坦区域，这个时候往往是首先通过一阶导数把平坦区域过滤掉，之后再来做，这样就会得到边缘区域。

5.3　Canny 边缘检测

Canny 边缘检测的历史比较久远，最早是在 1986 年的时候提出的，通常称为 Canny 边缘检测算法，Canny 边缘检测算法是一种对噪声比较敏感的边缘检测方法，所以通常在使用 Canny 边缘检测之前，首先对图像进行降噪。根据第 4 章的内容可知，图像噪声抑制方法主要有均值滤波、高斯滤波、中值滤波，一般情况下，会优先考虑使用高斯滤波来完成噪声抑制，因为多数噪声都是自然界中的随机噪声，高斯模糊对它们有不同程度的抑制作用。Canny 边缘检测一个最大的创新在于其使用两个阈值尝试把所有的边缘像素连接起来，形成边缘曲线或者线段。完整的 Canny 边缘检测由如下步骤组成。

1）高斯模糊：完成噪声抑制。

2）灰度转换：在灰度图像上计算梯度值。

3）计算梯度：使用 Sobel/Scharr。

4）非最大信号抑制：在梯度图像上寻找局部最大值。

5）高低阈值连接：把边缘像素连接为线段，形成完整边缘轮廓。

上面的第 5 步是使用高低阈值连接，Canny 推荐的高低阈值比在 2:1 到 3:1 之间，首先使用低阈值，把低于低阈值边缘的像素点都去掉，然后保留所有高于高阈值的像素点，对于处于高阈值与低阈值之间的像素点，如果从高阈值像素点出发，经过的所有像素点都高于低阈值，则保留这些像素，否则丢弃。OpenCV 中 Canny 边缘检测函数已经包含了上述 5 个步骤，其函数与相关参数的解释如下：

```
Canny(Mat image, Mat edges, double threshold1, double threshold2, int
apertureSize, boolean L2gradient)
```

- image：表示输入图像。
- edges：表示输出的二值边缘图像。
- threshold1：表示低阈值 $T1$。
- threshold2：表示高阈值 $T2$。
- apertureSize：用于内部计算梯度 Sobel。
- L2gradient：计算图像梯度的计算方法。

这里的计算方法分为 $L1$ 与 $L2$ 两种，具体如下所示：

$$L1=\sqrt{\left(\mathrm{d}I/\mathrm{d}x\right)^2+\left(\mathrm{d}I/\mathrm{d}y\right)^2}$$

$$L2=\left|\mathrm{d}I/\mathrm{d}x\right|+\left|\mathrm{d}I/\mathrm{d}y\right|$$

使用上面的 API 实现图像边缘检测的代码如下：

```
Mat edges = new Mat();
```

```
Imgproc.GaussianBlur(src, src, new Size(3, 3), 0);

Mat gray = new Mat();
Imgproc.cvtColor(src, gray, Imgproc.COLOR_BGR2GRAY);

Imgproc.Canny(src, edges, 50, 150, 3, true);
Core.bitwise_and(src, src, dst, edges);
```

OpenCV 还支持从两个已经计算出来的 X 方向梯度图像与 Y 方向梯度图像去检测图像边缘，相关 API 及其解释如下：

```
Canny(Mat dx, Mat dy, Mat edges, double threshold1, double threshold2)
```

- dx：表示 X 方向的梯度图像。
- dy：表示 Y 方向的梯度图像。
- edges：表示输出的二值边缘图像。
- threshold1：表示低阈值 $T1$。
- threshold2：表示高阈值 $T2$。

其中，dx 与 dy 的图像深度必须是 V_16S，基于梯度的 Canny 边缘检测代码演示如下：

```
private void edge2Demo(Mat src, Mat dst) {
    // X方向梯度
    Mat gradx = new Mat();
    Imgproc.Sobel(src, gradx, CvType.CV_16S, 1, 0);

    // Y方向梯度
    Mat grady = new Mat();
    Imgproc.Sobel(src, grady, CvType.CV_16S, 0, 1);

    // 边缘检测
    Mat edges = new Mat();
    Imgproc.Canny(gradx, grady, edges, 50, 150);
    Core.bitwise_and(src, src, dst, edges);

    // 释放内存
    edges.release();
    gradx.release();
    grady.release();
}
```

5.4 霍夫直线检测

在取得图像边缘的基础上，对一些特定的几何形状边缘，如直线、圆，通过图像霍夫变换把图像从平面坐标空间变换到霍夫空间坐标，就可以通过求取霍夫空间的局部极大值方法得到空间坐标对应参数方程中直线的两个参数，从而计算得到图像平面坐标中直线的数目与位置，假设有直线如图 5-3 所示

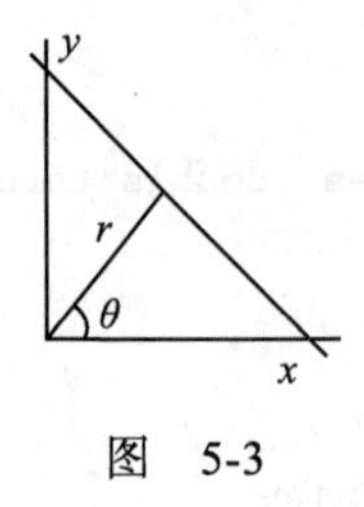

图　5-3

它在笛卡儿平面坐标系统中的斜率参数与截距参数为（k，b）。

若变换到极坐标空间则变成求取另外两个参数（r，θ），二者之间的关系可以表示为：

$$r = x\cos\theta + y\sin\theta$$

对于每个平面空间的像素点坐标（x，y），随着角度 θ 的取值不同，都会得到 r 值，而对于任意一条直线来说，在极坐标空间它的（r，θ）都是固定不变的，所以对于每个平面空间坐标点绘制极坐标的曲线如图 5-4 所示。

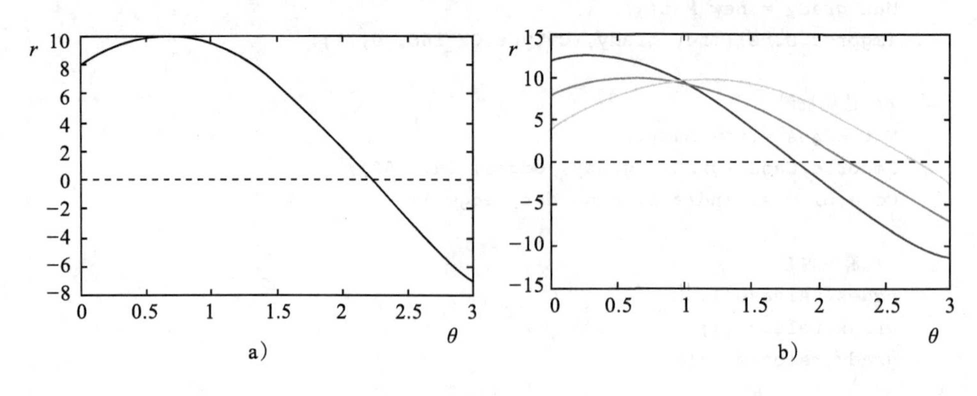

图　5-4

由在平面空间同属于一条直线的像素点绘制出来的曲线必然会相交于一点（如图5-4b所示的曲线），而这个点正是直线在极坐标空间中的参数方程的参数，这样就在极坐标空间找到了直线的参数方程，反变换回到平面坐标空间就可以求得直线的两个参数（k，b），得到直线位置，而它们在极坐标的交点就是直线在霍夫空间的表达，直线越长，其在霍夫空间这个点的累积值就越高，相对的灰度值也就越（亮）。OpenCV关于霍夫直线变换提供了两个相关API函数，一个是在霍夫空间求取直线两个极坐标的参数，需要开发者自己转换到平面坐标空间计算直线，另外一个则会直接返回平面空间直线/线段的两个点坐标信息。返回极坐标参数的API函数及其参数的解释如下：

```
HoughLines(Mat image, Mat lines, double rho, double theta, int threshold)
```

- image：表示输入图像，8位单通道图像，一般为二值图像。
- lines：表示输出的每个直线的极坐标参数方程的两个参数。
- rho：表示极坐标空间 r 值每次的步长，一般设置为1。
- theta：表示角度 θ，每次移动1°即可。
- threshold：表示极坐标中该点的累积数，该累积数越大，则得到的直线可能就越长，取值范围通常为30～50，单位是像素，假设为30的话，则表示大于30个像素长度的线段才会被检测到。

使用该API实现直线检测的代码如下：

```
private void houghLinesDemo(Mat src, Mat dst) {
    Mat edges = new Mat();
    Imgproc.Canny(src, edges, 50, 150, 3, true);

    Mat lines = new Mat();
    Imgproc.HoughLines(edges, lines, 1,Math.PI/180.0, 200);
    Mat out = Mat.zeros(src.size(), src.type());
    float[] data = new float[2];
    for(int i=0; i<lines.rows(); i++) {
            lines.get(i, 0, data);
            float rho = data[0], theta = data[1];
            double a = Math.cos(theta), b = Math.sin(theta);
            double x0 = a*rho, y0 = b*rho;
            Point pt1 = new Point();
```

```
            Point pt2 = new Point();
            pt1.x = Math.round(x0 + 1000*(-b));
            pt1.y = Math.round(y0 + 1000*(a));
            pt2.x = Math.round(x0 - 1000*(-b));
            pt2.y = Math.round(y0 - 1000*(a));
            Imgproc.line(out, pt1, pt2, new Scalar(0,0,255), 3, Imgproc.LINE_
                AA, 0);
    }
    out.copyTo(dst);
    out.release();
    edges.release();
}
```

需要对得到的每个极坐标参数方程做计算，使其变换到平面空间，然后绘制直线。

另外一个 API 函数则比较简单，它省去了开发者自己把极坐标变换为直线坐标的过程，直接返回每个线段 / 直线对应的两个点坐标，其 API 函数与参数的解释具体如下：

```
HoughLinesP(Mat image, Mat lines, double rho, double theta, int threshold,
double minLineLength, double maxLineGap)
```

- image：表示输入图像，8 位单通道图像，一般为二值图像。
- lines：表示输出的每个直线的极坐标参数方程的两个参数。
- rho：表示极坐标空间 r 值每次的步长，一般设置为 1。
- theta：表示角度 θ，每次移动 1° 即可。
- threshold：表示极坐标中该点的累积数，该累积数越大，则得到的直线可能就越长，取值范围通常为 30 ～ 50，单位是像素，假设取值为 30，则表示大于 30 个像素长度的线段才会被检测到。
- minLineLength：表示可以检测的最小线段长度，根据实际需要进行设置。
- maxLineGap：表示线段之间的最大间隔像素，假设 5 表示小于 5 个像素的两个相邻线段可以连接起来。

使用该 API 实现图像直线检测的代码演示如下：

```
private void houghLinePDemo(Mat src, Mat dst) {
    Mat edges = new Mat();
    Imgproc.Canny(src, edges, 50, 150, 3, true);
```

```
        Mat lines = new Mat();
        Imgproc.HoughLinesP(edges, lines, 1, Math.PI/180.0, 100, 50, 10);

        Mat out = Mat.zeros(src.size(), src.type());
        for(int i=0; i<lines.rows(); i++) {
                int[] oneline = new int[4];
                lines.get(i, 0, oneline);
                Imgproc.line(out, new Point(oneline[0], oneline[1]),
                        new Point(oneline[2], oneline[3]),
                        new Scalar(0, 0, 255), 2, 8, 0);
        }
        out.copyTo(dst);

        // 释放内存
        out.release();
        edges.release();
    }
```

这里需要注意的是，图像二值化与边缘检测算法输出结果的质量在很大程度上影响霍夫直线变换的结果，同时在使用 HoughLinesP 的时候，最后两个参数的设置也会影响霍夫直线检测的结果。

5.5 霍夫圆检测

霍夫圆变换与霍夫直线变换的原理类似，也是将圆上的每个点转换到霍夫空间，其转换的参数方程如下：

$$x = x_0 + r\cos\theta$$

$$y = y_0 + r\sin\theta$$

对于圆来说，θ 的取值范围在 0 ～ 360°，这样就有了三个参数，另外两个是圆心（x_0，y_0）与半径 γ。霍夫空间就是一个三维空间，如果还是跟之前的累积计算一样，计算量就会大大增加，这样显然不利于快速计算与检测，所以在 OpenCV 中，霍夫圆检测不是基于二值图像或者边缘检测的结果，而是基于灰度图像的梯度来找到候选区域，然后基于候选区域实现霍夫圆检测，这样就会大大减少计算量，提高程序的执行速度与性能，但是基于梯度实现霍夫圆检测也带来了另外一个问题，那就是结果特别容易受到噪声影响，对图像中的噪声特别敏感，所以在 OpenCV 中使用相关 API 实现霍夫圆检测的时候，首先需要通过模糊操作对图像进行噪声抑制处理。一般来说，常见的均值、高斯、中值模糊对图像噪声的抑制已经比较有效，但是在霍夫圆检测中有时候还会用到边缘保留滤波来抑制平坦区域噪声，以便在进行梯度计算的时候能够更好地得到候选区域。霍夫圆检测的 API 与相关参数的解释如下：

```
HoughCircles(Mat image, Mat circles, int method, double dp, double minDist,
double param1, double param2, int minRadius, int maxRadius)
```

- image：8 位单通道的灰度图像。
- circles：输出的三个向量的数组，圆心与半径（x，y，r）。
- method：唯一支持的方法就是基于梯度霍夫变换——HOUGH_GRADIENT。
- dp：图像分辨率，注意 dp 越大，图像就会相应减小分辨率；当 dp 等于 1 时，其跟原图的大小一致；当 dp=2 时，其为原图的一半。
- minDist：表示区分两个圆的圆心之间最小的距离，如果两个圆之间的距离小于给定的 minDist，则认为是同一个圆，这个参数对霍夫圆检测来说非常有用，可以帮助降低噪声影响。
- param1：边缘检测 Canny 算法中使用的高阈值。
- param2：累加器阈值，值越大，说明越有可能是圆。
- minRadius：检测的最小圆半径，单位为像素。
- maxRadius：检测的最大圆半径，单位为像素。

使用该 API 实现灰度图像圆检测代码具体如下：

```
private void houghCircleDemo(Mat src, Mat dst) {
    Mat gray = new Mat();
    Imgproc.pyrMeanShiftFiltering(src, gray, 15, 80);
    Imgproc.cvtColor(gray, gray, Imgproc.COLOR_BGR2GRAY);

    Imgproc.GaussianBlur(gray, gray, new Size(3, 3),  0);

    // detect circles
    Mat circles = new Mat();
```

```
        dst.create(src.size(), src.type());
         Imgproc.HoughCircles(gray, circles, Imgproc.HOUGH_GRADIENT, 1, 20, 100,
30, 10, 200);
        for(int i=0; i<circles.cols(); i++) {
            float[] info = new float[3];
            circles.get(0, i, info);
            Imgproc.circle(dst, new Point((int)info[0], (int)info[1]), (int)
info[2],
                    new Scalar(0, 255, 0), 2, 8, 0);
        }
        circles.release();
        gray.release();
    }
```

运行结果如图 5-5 所示，图 5-5a 为原图，图 5-5b 表示霍夫圆检测运行结果。

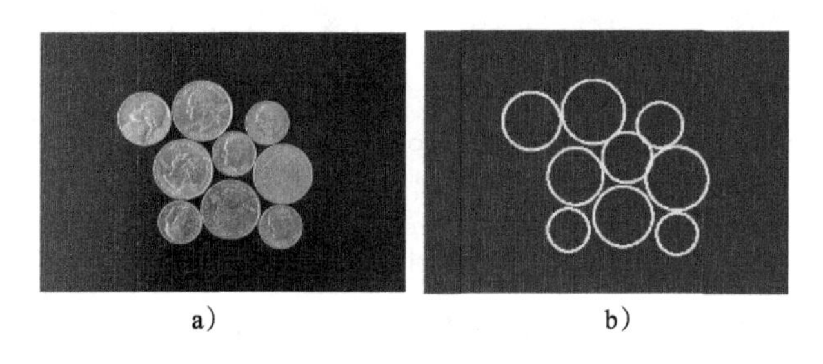

a)　　b)

图 5-5

霍夫圆检测相比霍夫直线检测，计算量大，输出参数多，因此一般都通过指定半径范围，指定边缘阈值与累积器阈值来减少计算量，否则速度就会很慢，这个也是在使用的时候需要特别注意的。此外广义霍夫变换通过拓展，可以实现任意形状的检测，感兴趣的读者可以自行阅读相关的资料。

5.6 轮廓发现与绘制

有时候，我们希望 Canny 边缘提取出来的结果是图像的完整轮廓，但是有时候 Canny 提供给我们的却是一些边缘像素信息，并没有向我们提供完整的轮廓上每个点的位置信息，而 OpenCV 中还有一组函数可以帮助我们发现每个轮廓、绘制轮廓或者它的外接矩形。下面就来一一介绍这组有用的函数，它们对于移动端的图像处理是非常有用的。

1. 轮廓发现

图像的轮廓一般都是由一系列的像素点组成的，这些像素点一般是属于二值图像的前景对象，每一个轮廓都是一组点，从这些点还可以看出一条曲线上的其他各个点。假设二值图像中有多个轮廓，则会生成多个轮廓的描述数组，OpenCV 中轮廓发现的理论是基于一篇拓扑结构分析的论文发展而来的，其主要是通过定义一系列的边缘点类型与拓扑几何结构类型，然后通过对二值图像的扫描来完成边缘点类型的寻找与拓扑结构的构建，并以此完成轮廓发现。相关 API 与参数解释，API 实现支持 TREE 与 LIST 两种拓扑结构返回。

```
findContours(Mat image, List<MatOfPoint> contours, Mat hierarchy, int mode,
int method, Point offset)
```

- image：输入图像，必须是 8 位的单通道的图像，轮廓发现的时候该图像会被修改。
- contours：是 List 类型，List 里面的每个元素都是一个轮廓对应的所有像素点集合。
- hierarchy：拓扑信息，可以不填写这个参数。
- mode：返回的轮廓拓扑模式，一共有四种。
- method：描述轮廓的方法，一般是基于链式编码。
- offset：是否有位移，默认都是各个像素点没有相对原因的位置移动，所以位移默认是（0，0）。

返回的轮廓拓扑的四种模式，具体如下。

- RETR_EXTERNAL = 0：表示获取最外层最大的轮廓。
- RETR_LIST = 1：表示获取所有的轮廓，轮廓是按 LIST 队列顺序组织的。
- RETR_CCOMP = 2：表示获取所有轮廓呈现的双层结构组织，第一层是外部边界，第二层是孔边界。

- RETR_TREE = 3：表示对获取的轮廓按照树形结构进行组织，显示出归属与嵌套层次。

链式编码的方式有四种，具体如下。

- CHAIN_APPROX_NONE = 1：将链式编码中的所有点都转换为点输出。
- CHAIN_APPROX_SIMPLE = 2：压缩水平、垂直、倾斜部分的轮廓点输出。
- CHAIN_APPROX_TC89_L1 = 3：使用 Teh-Chin 链式逼近算法中的一种。
- CHAIN_APPROX_TC89_KCOS = 4：使用 Teh-Chin 链式逼近算法中的一种。

创建的上述两个参数常为 RETR_EXTERNAL 和 CHAIN_APPROX_SIMPLE 或者 RETR_TREE 和 CHAIN_APPROX_SIMPLE。

2. 轮廓绘制

对发现的轮廓 LIST 对象使用循环可以遍历每个轮廓，对每个轮廓都可以使用 OpenCV 已经提供的 API 绘制各个轮廓，绘制轮廓 API 及其参数解释如下：

```
drawContours(Mat image, List<MatOfPoint> contours, int contourIdx, Scalar color, int thickness)
```

- image：要绘制轮廓的图像，通常可以创建一张空白的黑色背景图像。
- contours：轮廓数据来自轮廓发现函数输出。
- contourIdx：声明绘制第几个轮廓。
- color：绘制轮廓时使用的颜色。
- thickness：声明绘制轮廓时使用的线宽。

当线宽参数 thickness<0 的时候表示填充该轮廓。

基于轮廓发现与轮廓绘制两个 API 函数，使用 OpenCV 实现图像二值化、轮廓发现、绘制轮廓的代码演示如下：

```
private void findContoursDemo(Mat src, Mat dst) {
    Mat gray= new Mat();
```

```
        Mat binary = new Mat();

        // 二值
        Imgproc.cvtColor(src, gray, Imgproc.COLOR_BGR2GRAY);
        Imgproc.threshold(gray, binary, 0, 255, Imgproc.THRESH_BINARY | Imgproc.
THRESH_OTSU);

        // 轮廓发现
        List<MatOfPoint> contours = new ArrayList<MatOfPoint>();
        Mat hierarchy = new Mat();
        Imgproc.findContours(binary, contours, hierarchy, Imgproc. RETR_TREE,
Imgproc.CHAIN_APPROX_SIMPLE, new Point(0, 0));

        // 绘制轮廓
        dst.create(src.size(), src.type());
        for(int i=0; i<contours.size(); i++) {
                Imgproc.drawContours(dst, contours, i, new Scalar(0, 0, 255), 2);
        }

        // 释放内存
        gray.release();
        binary.release();
    }
```

上面的代码是使用二值化的结果作为输入以实现轮廓的发现与绘制，还可以将Canny边缘检测之后的输出结果作为输入，进行轮廓发现与绘制，二者之间有一定的区别，前者是基于二值分割的结果，后者是基于梯度计算的结果，一般来说，后者作为输入可以更好地反映图像轮廓的信息，此外轮廓发现API会修改输入的二值图像，所以假设输入的二值图像在后续还要使用到，那么要传入的参数应该是它的克隆或者复制对象。

5.7　轮廓分析

我们通过将Canny边缘提取或者二值化结果作为输入图像来实现轮廓发现与绘制，可是这些并不是我们想要的最终结果，我们一般会根据获取到的轮廓求出它们的外接矩形或者最小外接矩形，并计算外接矩形的横纵比例、轮廓面积、周长等数据，然后使用这些数据实现特定几何形状轮廓的查找与过滤，为后续的处理与分析剔除不正确的区域而保留候选对象。

（1）边界框

最常见的获取轮廓的外接矩形是边界框，获取每个轮廓的边界框，通过它可以得到与各个轮廓相对应的高度与宽度，并能通过它计算出轮廓的纵横比。通过轮廓点集合得到轮廓边界框的 API 函数与解释如下：

```
boundingRect(MatOfPoint points)
```

其中，ponts 是轮廓所有点的集合对象。

调用该 API 会返回一个 Rect 对象实例，它是 OpenCV 关于矩形的数据结构，从中可以得到外界矩形（边界框）的宽高，然后就可以计算出轮廓的横纵比了。这种情况下得到的边界框不一定满足条件，有时候我们还需要获取轮廓的最小边界框。

（2）最小边界框

与上面边界框不同的是，获取到的最小边界框有时候不是一个水平或者垂直的矩形，而是一个旋转了一定角度的矩形，但是最小外接矩形（最小边界框）能够更加真实地反映出轮廓的几何结构大小，而横纵比结果更能反映出轮廓的真实几何特征，所以有些时候我们计算的经常是最小外接矩形，它的 API 函数与相关参数的解释如下：

```
RotatedRect minAreaRect(MatOfPoint2f points)
```

其中，ponts 是轮廓的所有点的集合对象。

调用该 API 会返回一个 RotatedRect 对象实例，它是 OpenCV 关于旋转矩形的数据结构，其包含了旋转角度，矩形的宽、高及四个顶点等信息，通过相关的 API 都可以查询获得，绘制旋转矩形对象的时候，首先需要得到四个顶点，然后通过 OpenCV 绘制直线的 API 来完成旋转矩形的绘制。

（3）面积与周长

轮廓分析中包含了轮廓大小的度量，这些度量最常见的就是计算轮廓的面积大小与长度大小，这些数据对分析轮廓与过滤掉一些不符合条件的轮廓十分有用。计算轮廓面积的 API 函数与参数解释如下：

```
contourArea(Mat contour, boolean oriented)
```

- ponts：轮廓的所有点的集合对象。
- oriented：表示轮廓的方向，当 oriented=true 时返回的面积是一个有符号值，默认为 false，返回的是绝对值。

计算长度的 API 函数与参数解释如下：

```
arcLength(MatOfPoint2f curve, boolean closed)
```

- curve：轮廓的所有点的集合对象。
- closed：表示是否为闭合曲线，默认是 true。

完整的分析轮廓、获取轮廓、外接轮廓、最小外接轮廓、横纵比、面积与长度的代码演示如下：

```
private void measureContours(Mat src, Mat dst) {
    Mat gray= new Mat();
    Mat binary = new Mat();

    // 二值
    Imgproc.cvtColor(src, gray, Imgproc.COLOR_BGR2GRAY);
    Imgproc.threshold(gray, binary, 0, 255, Imgproc.THRESH_BINARY | Imgproc.
THRESH_OTSU);

    // 轮廓发现
    List<MatOfPoint> contours = new ArrayList<MatOfPoint>();
    Mat hierarchy = new Mat();
    Imgproc.findContours(binary, contours, hierarchy, Imgproc.RETR_TREE,
Imgproc.CHAIN_APPROX_SIMPLE, new Point(0, 0));

    // 测量轮廓
    dst.create(src.size(), src.type());
    for(int i=0; i<contours.size(); i++) {
        Rect rect = Imgproc.boundingRect(contours.get(i));
        double w = rect.width;
        double h = rect.height;
        double rate = Math.min(w, h)/Math.max(w, h);
```

```
            Log.i("Bound Rect", "rate : " + rate);
            RotatedRect minRect = Imgproc.minAreaRect(new MatOfPoint2f(contours.
get(i).toArray()));
            w = minRect.size.width;
            h = minRect.size.height;
            rate = Math.min(w, h)/Math.max(w, h);
            Log.i("Min Bound Rect", "rate : " + rate);

            double area = Imgproc.contourArea(contours.get(i), false);
            double arclen = Imgproc.arcLength(new MatOfPoint2f(contours.get(i).
toArray()), true);
            Log.i("contourArea", "area : " + rate);
            Log.i("arcLength", "arcLength : " + arclen);
            Imgproc.drawContours(dst, contours, i, new Scalar(0, 0, 255), 1);
        }

        // 释放内存
        gray.release();
        binary.release();
    }
```

上面演示代码的运行结果如图 5-6 所示（图 5-6a 是原图，图 5-6b 是轮廓发现与绘制，计算结果请参见 logcat）。

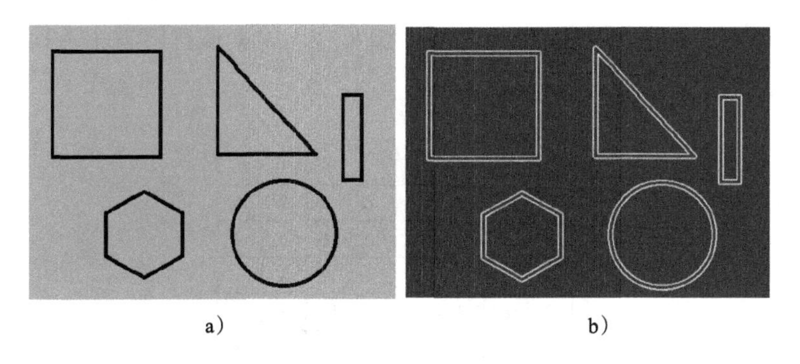

a）　　　　b）

图 5-6

上述的代码是求取图像的全部轮廓，修改上述程序把返回轮廓改为返回最外层轮廓 RETR_EXTERNAL，同时修改阈值化方法，将其改为 THRESH_BINARY_INV，则运行结果如图 5-7 所示。

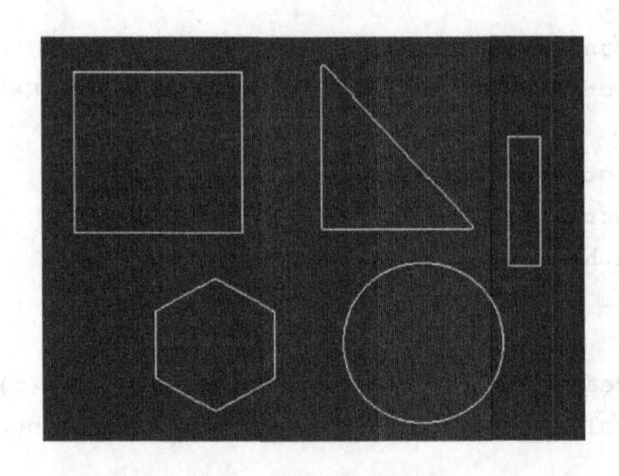

图　5-7

感兴趣的读者可以进一步细化该方法，将计算得到的轮廓几何属性值如长度、面积等通过 putText 函数显示到输出的图像上。

5.8　图像直方图

图像直方图是图像的统计学特征，是图像处理中的重要概念之一，OpenCV 中有几个十分有用的直方图相关的 API 函数，在具体介绍这些相关函数之前，首先介绍直方图的概念，假设有如图 5-8 所示的图像像素数据 8 × 8，像素值范围为 0 ～ 14，共 15 个灰度等级。

1	2	3	5	6	7	9	4
2	3	4	1	0	0	0	9
3	3	3	9	1	11	3	3
8	8	8	9	11	13	8	8
8	8	8	9	1	6	8	8
7	7	7	9	4	5	7	7
9	9	9	9	14	9	9	9
9	9	9	9	9	11	9	9

图　5-8

统计得到各个等级出现的次数以及直方图，如图 5-9 所示，其中黑色长条是直方图的 BIN，若 BIN 范围取值过大，则会导致空间分布过于平均，若 BIN 范围取值太小则会导致尖锐毛刺，所以直方图 BIN 的取值范围对计算直方图最终的分布影响很大。

像素等级	出现频率
0	3
1	4
2	2
3	7
4	3
5	2
6	2
7	6
8	10
9	20
10	0
11	3
12	0
13	1
14	1

a)

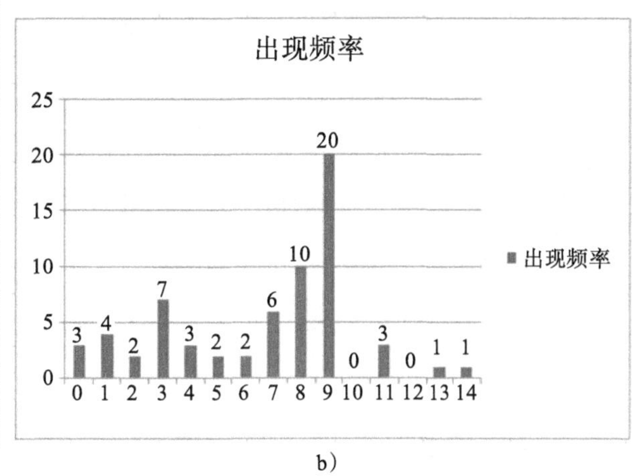

b)

图　5-9

1. 计算直方图与显示

如果我们对整个图像完成上述统计，并绘制它们各个灰度等级对应的直方图就可得到图像的直方图，直方图数据计算的 API 函数与解释如下：

```
calcHist(List<Mat> images, MatOfInt channels, Mat mask, Mat hist, MatOfInt
histSize, MatOfFloat ranges)
```

- images：输入图像，类型必须相同，每个图像都拥有任意通道数目。
- channels：通道索引列表。
- mask：表示遮罩层，遮罩层主要是针对输入 images，如果使用遮罩则要求输入图像大小最好相同。

- hist：计算得到直方图数据，是一维 / 二维的稀疏矩阵。
- histSize：直方图的大小，一般是指 BIN 个数的多少。
- ranges：直方图的取值范围，这个与输入图像相关，如果是 RGB 色彩空间则取值范围在 0 ～ 255。

使用上述函数计算直方图数据，并根据直方图数据绘制直方图的代码演示如下：

```
private void displayHistogram(Mat src, Mat dst) {
    Mat gray = new Mat();
    Imgproc.cvtColor(src, gray, Imgproc.COLOR_BGR2GRAY);

    // 计算直方图数据并归一化
    List<Mat> images = new ArrayList<>();
    images.add(gray);
    Mat mask = Mat.ones(src.size(), CvType.CV_8UC1);
    Mat hist = new Mat();
     Imgproc.calcHist(images, new MatOfInt(0), mask, hist, new MatOfInt(256),
new MatOfFloat(0, 255));
    Core.normalize(hist, hist, 0, 255, Core.NORM_MINMAX);
    int height = hist.rows();

    dst.create(400, 400, src.type());
    dst.setTo(new Scalar(200, 200, 200));
    float[] histdata = new float[256];
    hist.get(0, 0, histdata);
    int offsetx = 50;
    int offsety = 350;

    // 绘制直方图
     Imgproc.line(dst, new Point(offsetx, 0), new Point(offsetx, offsety), new
Scalar(0, 0, 0));
      Imgproc.line(dst, new Point(offsetx, offsety), new Point(400, offsety),
new Scalar(0, 0, 0));
    for(int i=0; i<height-1; i++) {
        int y1 = (int)histdata[i];
        int y2 = (int)histdata[i+1];
        Rect rect = new Rect();
        rect.x = offsetx+i;
        rect.y = offsety-y1;
        rect.width = 1;
        rect.height = y1;
        Imgproc.rectangle(dst, rect.tl(), rect.br(), new Scalar(15, 15, 15));
```

```
    }

    // 释放内存
    gray.release();
}
```

上述代码首先将图像从彩色图像转换为灰度图像，然后计算灰度图像的直方图数据，用得到的直方图数据绘制与图像对应的直方图（如图 5-10b 所示）。

a）

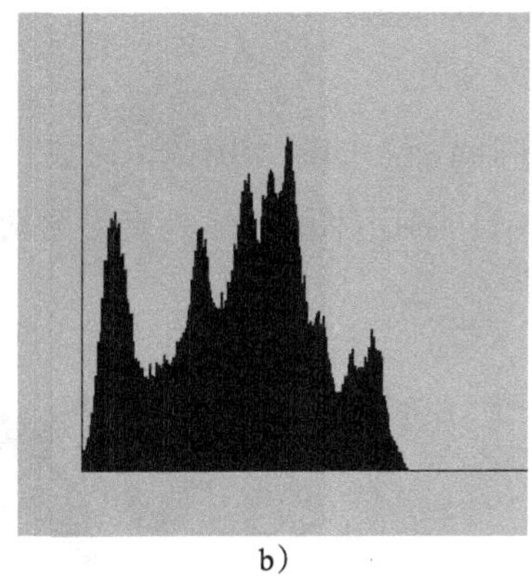

b）

图　5-10

2. 直方图均衡化

直方图均衡化技术常应用于摄影后期的修图中，对于室外拍摄的图像，因为光线较亮，所以需要通过直方图均值化以避免图像饱和度过高，对于在室内相对较暗的场景下拍摄的照片则需要调整亮度、对比度，以提升图像质量，直方图均衡化对它们都可以起到一定的调节作用。直方图均衡化主要是针对单通道的 8 位灰度图像，其灰度值范围为 0 ～ 255，直方图均衡化的本质是改变图像的灰度分布，或者说改变图像直方图的灰度分布，通过累积灰度级别与相关的数学变换公式，来改变原有的图像直方图灰度分布，然后用改变之后的灰度值 LUT 查找方式重建图像，从而达到调整图像亮度与对比度的目的。直方图均衡化 API 与参数解释如下：

```
equalizeHist(Mat src, Mat dst)
```

- src：输入图像，8 位的单通道图像。
- dst：输出图像，大小、类型与输入图像一致。

使用直方图均衡化函数实现图像均衡化的代码演示如下：

```
private void equalizeHistogram(Mat src, Mat dst) {
    Mat gray = new Mat();
    Imgproc.cvtColor(src, gray, Imgproc.COLOR_BGR2GRAY);
    Imgproc.equalizeHist(gray, dst);
    gray.release();
}
```

对于图 5-10a 所示的输入图像，完成直方图均衡化之后的输出以及与其对应的直方图显示如图 5-11 所示（图 5-11a 是直方图均衡化后的图像，图 5-11b 是对应均衡化之后的直方图）。

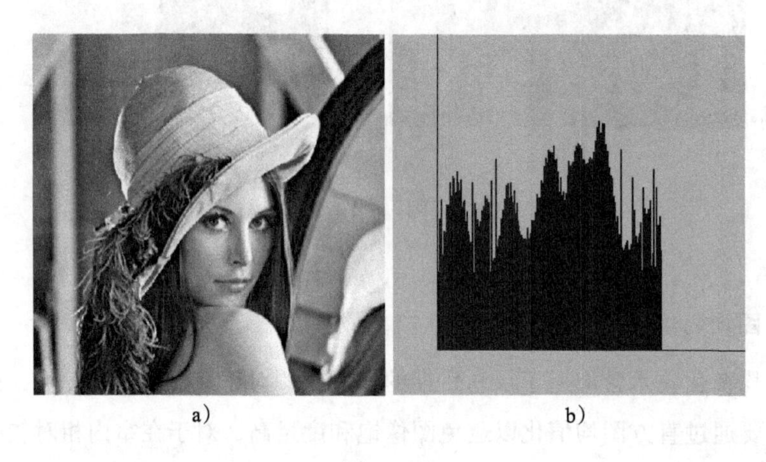

a) b)

图 5-11

与图 5-10 中对应的直方图相比较，可以看出均衡化之后的图像的直方图（图 5-11b）灰度分布发生明显改变，有很明显的直方图拉伸效果，整个图像也更加的明亮。

3. 直方图比较

直方图数据是图像的基本属性之一，其归一化之后受图像大小、尺度变化的影响很小，所以可以通过比较两幅图像的直方图来反映两幅图像灰度分布的相似程度，而得到图像本身的相似程度，假设两幅图像的直方图分别为 H_1 与 H_2，它们之间的距离 $d(H_1, H_2)$ 则表示两个直方图相互匹配的程度，那么如何计算直方图之间的距离，OpenCV 提供了 7 种计算方法，如表 5-1 所示。

表 5-1

方法名称	计算公式
相关性	$d(H_1,H_2)=\dfrac{\sum_I(H_1(I)\bar{H}_1)(H_2(I)-\bar{H}_2)}{\sqrt{\sum_I(H_1(I)-\bar{H}_1)^2\sum_I(H_2(I)-\bar{H}_2)^2}}$
卡方	$d(H_1,H_2)=\sum_I\dfrac{(H_1(I)-H_2(I))^2}{H_1(I)}$
相交	$d(H_1,H_2)=\sum_I\min(H_1(I),H_2(I))$
巴氏距离	$d(H_1,H_2)=\sqrt{1-\dfrac{1}{\sqrt{\bar{H}_1\bar{H}_2N^2}}\sum_I\sqrt{H_1(I)\cdot H_2(I)}}$
海灵格距离	等同巴氏距离
可选卡方	$d(H_1,H_2)=2*\sum_I\dfrac{(H_1(I)-H_2(I))^2}{H_1(I)+H_2(I)}$
K-L 散度	$d(H_1,H_2)=\sum_I H_1(I)\log\left(\dfrac{H_1(I)}{H_2(I)}\right)$

其中，$\bar{H}_k=\dfrac{1}{N}\sum_J H_k(J)$是直方图的数据的平均值。OpenCV 中对上述方法的枚举类型定义如下。

- HISTCMP_CORREL = 0：相关性。
- HISTCMP_CHISQR = 1：卡方。
- HISTCMP_INTERSECT = 2：相交。
- HISTCMP_BHATTACHARYYA = 3：巴氏距离。
- HISTCMP_HELLINGER = HISTCMP_BHATTACHARYYA：等同于巴氏距离。
- HISTCMP_CHISQR_ALT = 4：可选卡方。
- HISTCMP_KL_DIV = 5 K-L：散度。

直方图比较的 API 与参数解释如下：

```
compareHist(Mat H1, Mat H2, int method)
```

- H1：第一个输入直方图数据。
- H2：第二个输入直方图数据。
- method：比较方法，上述七个方法之一。

该方法可返回计算得到的 double 类型值，对于相关性与相交来说，值越大则表示直方图数据匹配程度越高，对于其他几个计算方法来说，值越小则表示匹配度越高。使用 API 对输入图像与直方图均衡化之后的结果分别计算直方图，比较直方图数据匹配结果的演示代码如下：

```
private void compareHistogram(Mat src, Mat dst) {
    Mat gray = new Mat();
    Imgproc.cvtColor(src, gray, Imgproc.COLOR_BGR2GRAY);
    Imgproc.equalizeHist(gray, dst);

    // 直方图一
    List<Mat> images = new ArrayList<>();
    images.add(gray);
    Mat mask = Mat.ones(src.size(), CvType.CV_8UC1);
    Mat hist1 = new Mat();
     Imgproc.calcHist(images, new MatOfInt(0), mask, hist1, new MatOfInt(256),
new MatOfFloat(0, 255));
    Core.normalize(hist1, hist1, 0, 255, Core.NORM_MINMAX);

    // 直方图二
    images.clear();
    images.add(dst);
    Mat hist2 = new Mat();
     Imgproc.calcHist(images, new MatOfInt(0), mask, hist2, new MatOfInt(256),
new MatOfFloat(0, 255));
    Core.normalize(hist2, hist2, 0, 255, Core.NORM_MINMAX);

    // 比较直方图
    double[] distances = new double[7];
    distances[0] = Imgproc.compareHist(hist1, hist2, Imgproc.HISTCMP_CORREL);
    distances[1] = Imgproc.compareHist(hist1, hist2, Imgproc.HISTCMP_CHISQR);
    distances[2] = Imgproc.compareHist(hist1, hist2, Imgproc.HISTCMP_
INTERSECT);
    distances[3] = Imgproc.compareHist(hist1, hist2, Imgproc.HISTCMP_
BHATTACHARYYA);
```

```
        distances[4] = Imgproc.compareHist(hist1, hist2, Imgproc.HISTCMP_
HELLINGER);
        distances[5] = Imgproc.compareHist(hist1, hist2, Imgproc.HISTCMP_CHISQR_
ALT);
        distances[6] = Imgproc.compareHist(hist1, hist2, Imgproc.HISTCMP_KL_DIV);

        for(int i=0; i<distances.length; i++) {
            Log.i("Hist distance", "Distance Type : " + i + " d(H1,H2)=" +
distances[i]);
        }
        src.copyTo(dst);
        gray.release();
        hist1.release();
        hist2.release();
    }
```

在图像辐照度或者光线稳定与分辨率不变的情况下，直方图比较是很好的相似图像判别工具之一，而且表 5-1 所述的 7 种直方图比较方法中，对两个相同的直方图数据使用不同的计算方法得到的匹配数据也会不一样，最常选择的计算方法是相关性与巴氏距离。

4. 直方图反向投影

反向投影（back-projection）是一种把每个像素点值都替换成直方图分布可能性的方法，简单地说，根据已经存在的一个直方图模型数据，对一个输入图像完成直方图分布可能性替换，从而找到该图像中与直方图模型分布相似或者相同的对象区域。假设模型图像如图 5-12 所示。

图 5-12

计算它的直方图数据，然后使用直方图反向投影对图 5-13a 所示的输入图像做反向投影，结果如图 5-13b 所示。

直方图反向投影的 API 与参数解释如下：

```
calcBackProject(List<Mat> images, MatOfInt channels, Mat hist, Mat dst,
MatOfFloat ranges, double scale)
```

a)　　b)

图　5-13

- images：表示输入图像。
- channels：参与计算的图像的通道索引数组。
- hist：预先知道的直方图模型数据。
- dst：输出的直方图反向投影结果。
- ranges：表示反向投影计算直方图时，图像像素对应通道的取值范围。
- scale：缩放因子，默认取1，表示跟原图大小一致。

基于直方图反向投影API与直方图计算API实现直方图反向投影的演示代码如下：

```
private void backProjectionHistogram(Mat src, Mat dst) {
    Mat hsv = new Mat();
    String sampleFilePath = fileUri.getPath().replaceAll("target", "sample");
    Mat sample = Imgcodecs.imread(sampleFilePath);
    Imgproc.cvtColor(sample, hsv, Imgproc.COLOR_BGR2HSV);
    Mat mask = Mat.ones(sample.size(), CvType.CV_8UC1);
    Mat mHist = new Mat();
     Imgproc.calcHist(Arrays.asList(hsv), new MatOfInt(0, 1), mask, mHist, new
MatOfInt(30, 32), new MatOfFloat(0, 179, 0, 255));
    System.out.println(mHist.rows());
    System.out.println(mHist.cols());

    Mat srcHSV = new Mat();
    Imgproc.cvtColor(src, srcHSV, Imgproc.COLOR_BGR2HSV);

    Imgproc.calcBackProject(Arrays.asList(srcHSV), new MatOfInt(0, 1), mHist,
```

```
dst, new MatOfFloat(0, 179, 0, 255), 1);
        Core.normalize(dst, dst, 0, 255, Core.NORM_MINMAX);
        Imgproc.cvtColor(dst, dst, Imgproc.COLOR_GRAY2BGR);
    }
```

运行使用该方法之前，请先把模型图像与输入图像文件复制到 SD 卡上指定的统一目录下，然后选择输入图像，点击相关按钮，即可得到输出的反向投影结果，关于代码运行与配置的更多相关内容请参看第 1 章，这里不再赘述。本章所有相关的源代码均在 ImageAnalysisActivity.java 源文件中。

5.9　模板匹配

模板匹配是最简单的模式识别算法之一，其在图像处理中经常用于从一副未知图像中根据预先定义好的模板图像来寻找与模板图像相同或者高度相似的子图像区域。所以模板匹配需要两个输入，一个是模板图像，另一个是待检测的目标图像。模板匹配使用的是基于图像像素相似度的计算方法，很容易受到光照强度、对象几何畸变的影响而降低准确性，只有在亮度和分辨率恒定以及无几何畸变的情况下才会得到比较高的准确率。图 5-14 所示的是一个模板图像与待检测的未知图像。

模板图像

输入图像

图　5-14

则检测结果如图 5-15 所示（白色矩形框是模板匹配得到的子图像区域）。

图 5-15

OpenCV 中支持的基于像素计算的模板匹配方法包括如下 6 种，具体如表 5-2 所示。

表 5-2

枚举类型 / 方法名称	计算公式
TM_SQDIFF 平方不同	$R(x,y)=\sum_{x',y'}(T(x',y'))-I(x+x',y+y')^2$
TM_SQDIFF_NORMED 归一化平方不同	$R(x,y)=\frac{\sum_{x',y'}(T(x',y')-I(x+x',y+y'))^2}{\sqrt{\sum_{x',y'}T(x',y')^2\cdot\sum_{x',y'}I(x+x',y+y')^2}}$
TM_CCORR 相关性	$R(x,y)=\sum_{x',y'}(T(x',y'))\cdot I(x+x',y+y')$
TM_CCORR_NORMED 归一化相关性	$R(x,y)=\frac{\sum_{x',y'}(T(x',y')\cdot I(x+x',y+y'))^2}{\sqrt{\sum_{x',y'}T(x',y')^2\cdot\sum_{x',y'}I(x+x',y+y')^2}}$
TM_CCOEFF 相关因子	$R(x,y)=\sum_{x',y'}(T'(x',y'))\cdot I'(x+x',y+y')$
TM_CCOEFF_NORMED 归一化相关因子	$R(x,y)=\frac{\sum_{x',y'}(T'(x',y')\cdot I'(x+x',y+y'))^2}{\sqrt{\sum_{x',y'}T'(x',y')^2\cdot\sum_{x',y'}I'(x+x',y+y')^2}}$

如果计算模板匹配时使用的模板匹配方法是平方不同或者归一化平方不同，则值越小表示子区域与模板匹配度越高，其他四个方法则是值越高表示图像子区域与模板匹配度越高，使用模板匹配的时候首先要根据模板图像与输入图像计算得到每个像素点与模板的匹配程度值，然后根据使用的计算方法求得最小值或者最大值，得到最终的模板匹配子图像矩形区域。模板匹配 API 函数与参数解释如下：

```
matchTemplate(Mat image, Mat templ, Mat result, int method)
```

- image：表示输入图像，大小为 $W \times H$。
- templ：表示模板图像，大小为 $w \times h$。
- result：表示计算输出的结果，结果大小必须为（$W-w+1$）×（$H-h+1$），单通道的浮点数。
- method：表示计算方法，取值为表 5-2 所支持的六种方法之一。

基于模板匹配函数实现图像对象模板匹配的代码演示如下：

```
private void matchTemplateDemo(Mat src, Mat dst) {
    String tplFilePath = fileUri.getPath().replaceAll("lena", "tmpl");
    Mat tpl = Imgcodecs.imread(tplFilePath);
    int height = src.rows() - tpl.rows() + 1;
    int width = src.cols() - tpl.cols() + 1;
    Mat result = new Mat(height, width, CvType.CV_32FC1);

    // 模板匹配
    int method = Imgproc.TM_CCOEFF_NORMED;
    Imgproc.matchTemplate(src, tpl, result, method);
    Core.MinMaxLocResult minMaxResult = Core.minMaxLoc(result);
    Point maxloc = minMaxResult.maxLoc;
    Point minloc = minMaxResult.minLoc;

    Point matchloc = null;
    if(method == Imgproc.TM_SQDIFF || method == Imgproc.TM_SQDIFF_NORMED) {
        matchloc = minloc;
    } else {
        matchloc = maxloc;
    }
    // 绘制
    src.copyTo(dst);
    Imgproc.rectangle(dst, matchloc, new Point(matchloc.x+tpl.cols(), matchloc.
```

```
y + tpl.rows()), new Scalar(0, 0, 255), 2, 8, 0);

        tpl.release();
        result.release();
    }
```

对于不同分辨率的图像，可以先采样建立高斯金字塔，然后再使用模板图像在不同层中进行匹配，这样可以提高模板匹配的命中率，感兴趣的读者可以自己尝试。

5.10　小结

本章基于第 4 章所学的图像处理模块主要内容，进一步细化，介绍了图像处理常见的特征提取方法，包括梯度计算、Canny 边缘检测、霍夫直线与圆检测、轮廓分析、直方图相关方法、模板匹配等内容，这些知识点与相关 API 对于我们在实际工作中掌握与使用 OpenCV 解决实际问题有很大的帮助，有余力的读者还可以阅读本章相关 API 对应的论文以此提高理论认知，从而更加深刻地理解相关 API 的参数意义，并更好地使用相关 API 函数。

源代码也是本书的一部分，希望读者下载、阅读、运行本章相关的代码，修改相关源代码，更好地掌握本章的知识，从实践中掌握本章所学的知识与相关 API 函数的使用与参数的意义。

CHAPTER 6

第 6 章

特征检测与匹配

前面两章主要讲述了 OpenCV 中图像处理模块的主要知识点与相关 API 函数的使用，本章将学习 OpenCV 中另外一个重要模块 -feature2d 模块，该模块的主要功能是检测图像的特征，并根据特征进行对象匹配，首先需要明白的什么是图像的特征，简单地说，特征就是边缘、角点、纹理等。本章将学习与特征检测相关的知识点及 API 函数，包括最简单的角点特征检测、特征点检测、特征描述子提取，以及根据特征描述子去匹配、寻找特征对象。关于以上内容本章中都将有详细的讲解与代码演示。

本章的知识主要关于特征提取、检测与匹配，其中会涉及较多的数学知识与公式，希望读者在学习本章知识的同时，阅读一些与特征提取相关的数学知识，比如导数与微分、多项式与高斯公式曲线拟合，三角函数，矩阵的特征值与特征向量的简单计算等基础数学知识，有了这些知识做基础，我们就能更好地理解与掌握本章的相关知识点，以及各个 API 函数的参数意义与用法。

6.1 Harris 角点检测

第 5 章中，我们学习了关于边缘检测的相关知识点，在图像边缘中，有一些特殊的像素点值得我们特别关注，那就是图像边缘的角点，这些角点更能反映出图像中对象的整体特征，基于角点周围的像素块生成特征描述子可以更好地表述图像特征数据，所以本节我们首先介绍如何提取图像的角点特征，关于角点特征提取最经典的算法之一就是 Harris 角点检测。

Harris 角点检测的基本原理是对图像求导，对每个像素点生成二阶梯度图像，只是在卷积核使用的时候需要使用高斯核，得到图像 X 与 Y 方向的二阶矩 I_x^2、I_xI_y、I_y^2，基于它们就可以得到如下 Hessian 矩阵：

$$M=\begin{bmatrix} I_x^2 & I_xI_y \\ I_xI_y & I_y^2 \end{bmatrix}$$

求得最大两个特征值 λ_1 与 λ_2，可以得到如下角点响应 R：

$$\det M = \lambda_1 \lambda_2$$

$$\operatorname{trace} M = \lambda_1+\lambda_2$$

$$R = \det M - k(\operatorname{trace} M)^2$$

其中，系数 K 常见的取值范围为 0.02 ～ 0.04。根据 M 计算可以得到特征值 λ_1、λ_2，它们的值与角点的关系如下，见图 6-1。

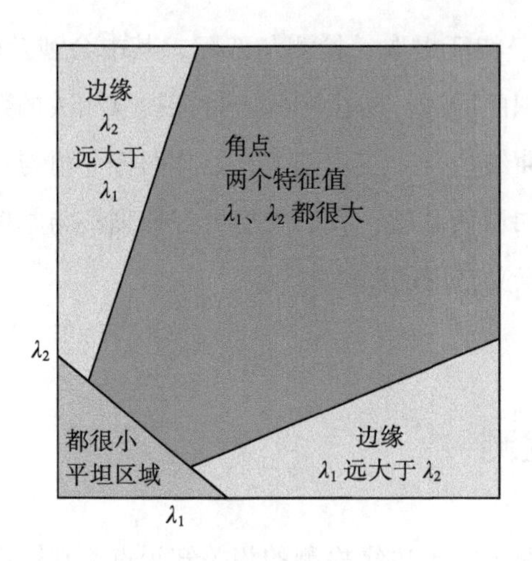

图　6-1

Harris 角点检测的 API 函数与参数解释如下：

```
cornerHarris(Mat src, Mat dst, int blockSize, int ksize, double k)
```

- ❑ src：单通道的 8 位或者浮点数图像。
- ❑ dst：输出的每个像素点的响应值，是 CV_32F 类型，大小与输入图像一致。
- ❑ blockSize：根据特征值与特征向量计算矩阵 M 的大小，常见取值为 2。
- ❑ ksize Sobel：算子梯度计算，常见取值为 3。
- ❑ k：系数大小，取值范围为 0.02 ～ 0.04。

使用 Harris 角点检测函数计算得到图像角点的演示代码如下：

```
private void harrisCornerDemo(Mat src, Mat dst) {
    // 定义阈值 T
    int threshold = 100;
    Mat gray = new Mat();
    Mat response = new Mat();
    Mat response_norm = new Mat();

    // 角点检测
    Imgproc.cvtColor(src, gray, Imgproc.COLOR_BGR2GRAY);
    Imgproc.cornerHarris(gray, response, 2, 3, 0.04);
    Core.normalize(response, response_norm, 0, 255, Core.NORM_MINMAX, CvType.
CV_32F);

    // 绘制角点
    dst.create(src.size(), src.type());
    src.copyTo(dst);
    float[] data = new float[1];
    for(int j=0; j<response_norm.rows(); j++ )
    {
        for(int i=0; i<response_norm.cols(); i++ )
        {
            response_norm.get(j, i, data);
            if((int)data[0] > 100)
            {
                Imgproc.circle(dst, new Point(i, j), 5,  new Scalar(0, 0, 255),
2, 8, 0);
                Log.i("Harris Corner", "find corner point...");
            }
        }
    }
    gray.release();
```

```
    response.release();
}
```

上述程序首先把彩色 RGB 图像转换为单通道灰度图像，然后使用 Harris 角点检测函数完成各个像素点上角点相应值的计算，最后使用阈值过滤绘制那些响应值 R 比较大的像素点（角点）。本章所有的完整源代码均在 Feature2dMainActivity.java 文件中，本章后续内容中对此不再进行说明。此外，阈值 T 与绘制检测得到的角点数目相关，T 值越大，被过滤的响应像素点越多，留下来的就越可能是角点，反之亦然。

6.2　Shi-Tomasi 角点检测

还有一种经常使用的角点检测方法称为 Shi-Tomasi 角点检测，其与 Harris 角点检测类似，这种方法同样是基于梯度图像发展而来的，它是 1994 年由两位作者 Jianbo Shi 与 Carlo Tomasi 一起提出来的，他们当时所发表的论文名为 <<Good Feature to Track>>，这也是为什么在 OpenCV 中使用同名函数来表示 Shi-Tomasi 角点检测的原因。Shi-Tomasi 角点检测与 Harris 角点检测唯一不同的地方在于计算角点响应 R 值时使用的是如下方法：

$$R = \min(\lambda_1, \lambda_2)$$

如果 R 大于指定阈值 T，则对应的像素点被认为是角点，假设 λ_1、λ_2 为坐标，则对角度的描述就是当 λ_1、λ_2 都大于阈值 $T = \lambda_{min}$ 的右上角时角点响应值满足要求的区域，如图 6-2 所示。

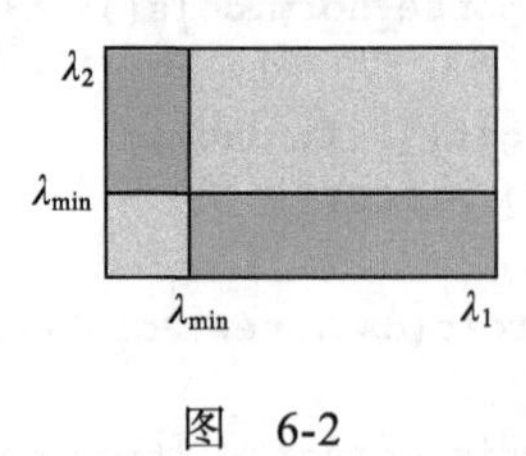

图　6-2

相关的 API 函数与参数解释如下：

```
goodFeaturesToTrack(Mat image, MatOfPoint corners, int maxCorners,
```

```
double qualityLevel, double minDistance, Mat mask, int blockSize, boolean
useHarrisDetector, double k)
```

- image：表示输入图像、类型为单通道的 8 位或浮点数。
- corners：输出得到角点数组。
- maxCorners：表示获取前 N 个最强响应 R 值的角点。
- qualityLevel：其取值范围为 0 ～ 1，这里取它与最大 R 值相乘，得到的值作为阈值 T，低于它的都要被丢弃，假设 $R_{max}=1500$，qualityLevel=0.01，则阈值 $T=15$，小于 15 的都会被丢弃。
- minDistance：最终返回的角点之间的最小距离，小于这个距离则被丢弃。
- mask：默认全部为零。
- blockSize：计算矩阵 M 时需要的，常取值为 3。
- useHarrisDetector：是否使用 Harris 角点检测，true 表示使用，若为 false 则使用 Shi-Tomasi 角点检测。
- k：当使用 Harris 角点检测的时候才使用。

使用该 API 实现 shi-tomasi 角点检测的演示代码如下：

```
    private void shiTomasicornerDemo(Mat src, Mat dst) {
        // 变量定义
        double k = 0.04;
        int blockSize = 3;
        double qualityLevel= 0.01;
        boolean useHarrisCorner = false;

        // 角点检测
        Mat gray = new Mat();
        Imgproc.cvtColor(src, gray, Imgproc.COLOR_BGR2GRAY);
        MatOfPoint corners = new MatOfPoint();
        Imgproc.goodFeaturesToTrack(gray, corners, 100, qualityLevel, 10, new
Mat(), blockSize, useHarrisCorner, k);

        // 绘制角点
        dst.create(src.size(), src.type());
        src.copyTo(dst);
        Point[] points = corners.toArray();
        for(int i=0; i<points.length; i++) {
```

```
            Imgproc.circle(dst, points[i], 5,  new Scalar(0, 0, 255), 2, 8, 0);
        }
        gray.release();
    }
```

与 Harris 角点输出不同，shi-tomasi 会直接输出得到角点坐标，循环输出这些点数组，绘制出每个角点输出即可。完整的代码请参考源代码文件。

6.3　SURF 特征检测

特征检测是从图像中自动提取对象特征用以表述该对象，同时还可以利用得到的特征数据描述在不同的图像中发现相同的对象，而且特征对对象的旋转、缩放、光照等具有不变性。整个过程可以分为三个部分：检测、描述、匹配。OpenCV 中是通过 feature2d 与 xfeature2d 完成整个流程操作的，从而实现基于图像特征的对象检测与匹配。

1. SURF 特征检测

SURF（Speeded Up Robust Feature）特征就是图像最常见的特征之一，该方法在 2006 年由几位作者联合提出，主要是用来克服 SIFT（一种特征检测方法）计算量比较大，运行速度比较慢的缺点，SURF 具有以下的优点。

- 基于积分图计算，快速关键点提取。
- 不同关键点描述。
- 快速描述子匹配。
- 同时具有旋转、尺度、光照不变性。

SURF 通过建立不同尺度的级联算子来实现高斯图像的尺度不变性特征，计算 LOG 得到每个像素点的 Hessian 矩阵，在建立级联算子实现 Hessian 矩阵的计算中，SURF 使用了积分图来实现预计算，通过积分图查找表实现 Hessiam 矩阵快速计算。离散高斯及其近似梯度算子如图 6-3 所示。

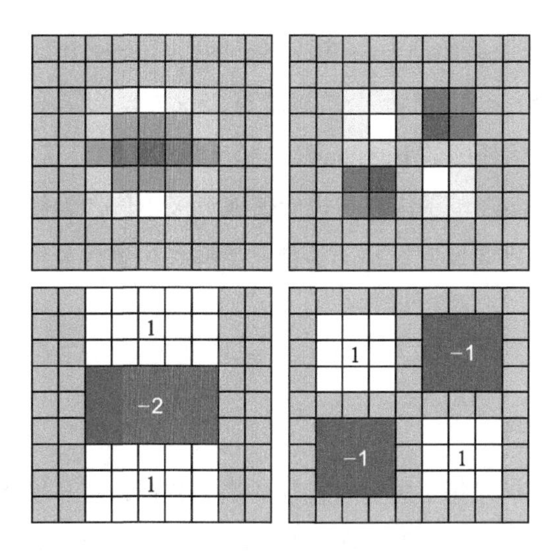

图　6-3

算子级联实现尺度空间不变性，如图 6-4 所示。

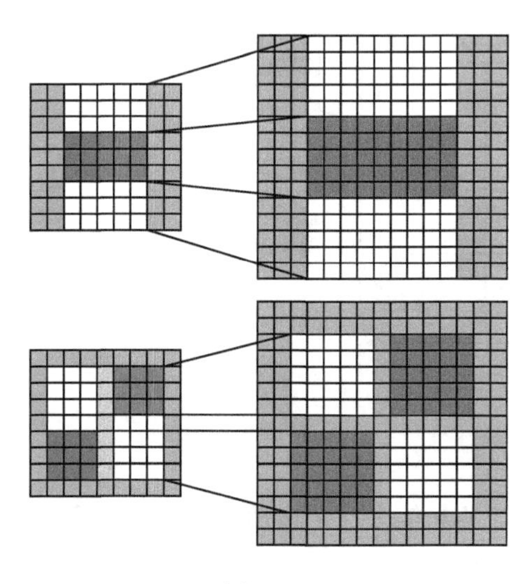

图　6-4

最终把高斯核近似为一个盒子滤波，这样就可以不用进行高斯核与浮点数计算，基于积分图，不断扩大盒子滤波核的大小，就可以在不同层数计算结果，对第一层分别使用 9×9、15×15、21×21、27×27，扩大之后进行下层级计算。每个层级之间的差值一般取值为12，这时下个层级的滤波核就是 39×39，再下一个层级就是 51×51。取值为24时，下个层级就是 51×51，再下个层级就是 75×75。为了在每一层之间定位图像的关键点（图像的关键点就是图像Hessian矩阵梯度最大值或者最小值所在点的附近），对同一层级的不同层 $3\times3\times3$ 范围内寻找极大值或者极小值作为候选点，对满足条件的关键点，使用插值公式寻找亚像素级别的关键点的准确位置，最终得到SURF特征检测的关键点数据。

2. SURF特征描述子

特征描述子是用来描述每个关键点特征的唯一数据，它必须能够显著区分各个特征关键点的不同之处，SURF特征描述子是基于Haar小波响应理论的，可以通过积分图进行快速计算，描述子首先要选取关键点周围的像素块（ROI），通常ROI区域的大小为20个像素，分为 4×4 的网格区域，如图6-5所示。

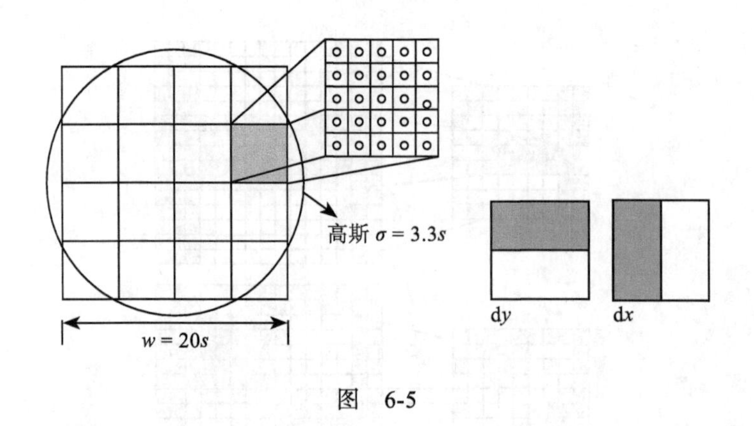

图　6-5

使用Haar在 X 方向与 Y 方向的 $2s\times2s$ 像素块响应，基于高斯权重分别计算 $\mathrm{d}x$、$\mathrm{d}y$，最终可得到：

$$v=\left\{\sum \mathrm{d}x \quad \sum|\mathrm{d}x| \quad \sum \mathrm{d}y \quad \sum|\mathrm{d}y|\right\}$$

对每个 5×5 的子区域都会得到一个向量 v，对于 4×4，整个子区域可得到16个相互连接的向量，它们就是该关键点的描述子，归一化之后就是具有光照不变性特征的描述子。这种方式没有考虑选择不变性，没有对每个描述子指派方向角度，称为 U-SURF 描述子，对上述描述子在 0° ～ 360° 方向上使用滑动窗口 60° 大小计算滑动窗口的梯度和最大值，指派为该描述子的方向，0° ～ 360°，60° 滑动窗口如图 6-6 所示。

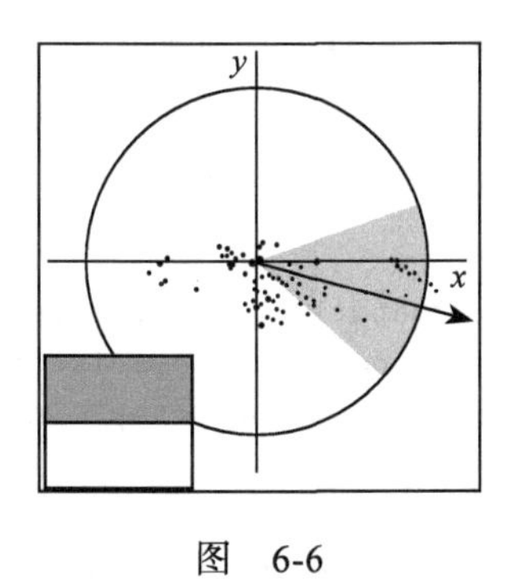

图 6-6

实验证明，在窗口较小的情况下，容易导致出现异常高峰的问题，在窗口比较大的情况下，容易出现向量过长，描述子描述不够准确的问题，所以一般情况下更趋向跳过方向指派步骤直接使用 U-SURF，它在 ±15° 范围内可以保证旋转不变性特征。

3. SURF 在 OpenCV 中的使用

OpenCV4Android 在 2.x 的版本中是支持 SURF 与 SIFT 两种算法 API 的，但是因为专利授权的问题，在 OpenCV3.x 中，这两个算法从 Release 模块中移到扩展模块中了，所以在 OpenCV3.x 中要使用这两个算法模块，就需要从源代码编译 OpenCV3.x 与其对应的扩展模块 xfeature2d，之后重新生成 OpenCV4Android Java SDK，方可使用，因为从源代码移植与编译 OpenCV 生成 Android Java SDK 的过程极其复杂而且配置烦琐，所以这里不再赘述。笔者已经重新编译完成此工作，并将其放到 GITHUB 上，地址为 https://github.com/gloomyfish1998/opencv4android，通过将其 git 克隆到本地或者直接下载 zip 文件，参照本书第 1 章完成配置即可运行本章的全部源代码。使用 SURF 相关 API 函数实现对象特征提取与匹配的时候，需要通过如下几步来完成。

1）读取图像，这里的两种图像分别命名为 box.png 与 box_in_scene.png，然后将它们放在 SD 卡上的同一目录下即可，通过选择 box_in_scene.png 图像，得到 box.png 图像路径，然后读取，代码如下：

```
String textFile = fileUri.getPath().replaceAll("box_in_scene", "box");
Mat textImage = Imgcodecs.imread(textFile);
```

2）创建 SURF 检测器并检测关键点，计算描述子，通过 SURF.create 方法可以创建 SURF 类型检测器，若最后一个参数是 true，则得到的是 U-SURF 检测器。完整的代码实现如下：

```
SURF surf_detector = SURF.create(100, 4, 3, false, false);
MatOfKeyPoint keyPoints_txt = new MatOfKeyPoint();
MatOfKeyPoint keyPoints_scene = new MatOfKeyPoint();

// 特征检测 - 关键点
surf_detector.detect(textImage, keyPoints_txt);
surf_detector.detect(src, keyPoints_scene);

// 获取描述子
Mat descriptor_txt = new Mat();
Mat descriptor_scene = new Mat();
surf_detector.compute(textImage, keyPoints_txt, descriptor_txt);
surf_detector.compute(src, keyPoints_scene, descriptor_scene);
```

其中对创建 SURF 对象的 create 方法与各个参数的解释具体如下：

```
create(double hessianThreshold, int nOctaves, int nOctaveLayers, boolean
extended, boolean upright)
```

- hessianThreshold：关键点寻找步骤使用的 Hessian 矩阵阈值，默认值为 100。
- nOctaves：级联的数目，相当于图像金字塔的层级，一般是 4。
- nOctaveLayers：每个级联有多少层，最少不小于 3。
- extended：默认是 16 个向量，64 个描述子的，如果为 true 则每个关键点为 128 个描述子。
- upright：是否使用 U-SURF 方法，默认是 false，不使用。

3）一旦得到两个对象的描述子，我们就可以使用它们实现特征数据的匹配与比对，从而分辨出它们是否具有相似性，这类特征数据匹配与比对的算法非常多，OpenCV 支持的方法有两种，具体如下。

- Brute-force（BF）匹配：基于暴力搜索的最短距离匹配方法。
- FLANN 匹配：近似最近邻（KNN）搜索的快速匹配方法。

对于 SURF/SIFT 描述子匹配，当使用 BF 匹配方法的时候，一般选择 L2，对于 ORB 与 BRISK 这类二进制字符串特征匹配算法，一般会选择汉明距离。实现描述子匹配的代码如下：

```
MatOfDMatch matches = new MatOfDMatch();
DescriptorMatcher descriptorMatcher = DescriptorMatcher.create(DescriptorMatcher.BRUTEFORCE_SL2);
descriptorMatcher.match(descriptor_txt, descriptor_scene, matches);
Features2d.drawMatches(textImage, keyPoints_txt, src, keyPoints_scene, matches, dst);
```

4）完成上述这些步骤之后，需要释放创建的临时内存空间，不然很容易导致 OOM 问题，代码如下：

```
// 释放内存
keyPoints_txt.release();
keyPoints_scene.release();
descriptor_txt.release();
descriptor_scene.release();
matches.release();
```

完整的方法代码请参考本章 6.1 节中提到的源代码文件中的 surfDemo 方法。

6.4 SIFT 特征检测

SIFT 特征与 SURF 特征有很多类似的地方，都支持尺度空间不变性、旋转不变性、光照不变性，同时对图像几何变换保持一定范围内的稳定性，SIFT（Scale Invariant Feature Transform）算法是在 2004 年由 David. Lowe 提出的，主要用在图像比对、对象与场景识别等领域，该方法与其他的特征提取方法相比具有更高的准确性、特征抗干扰更加稳定。SIFT 特征检测的主要步骤具体如下。

1）尺度空间极值寻找。

2）关键点定位。

3）方向指派。

4）关键点描述子生成。

对于500×500像素大小的图像该方法可以生成2000个左右的特征数据，而且对每个对象生成的特征描述子都不一样，这样就可以从大量图像数据中寻找匹配以实现图像查找，下面我们对上述四个步骤详细解释它们的实现原理。

1. 极值点检测

极值点检测又可以解释为候选关键点查找，与SURF使用级联过滤器不同之处在于建立尺度空间不同，SIFT通过图像金字塔建立尺度空间，对于金字塔尺度空间，每个尺度建立不同的分层图像，然后使用如下公式：

$$D(x, y, \sigma) = (G(x, y, k\sigma) - G(x, y, \sigma)) = L(x, y, k\sigma) - L(x, y, \sigma)$$

这里，k是一个常量数据，算法作者通过实验发现，当k的取值为$k = \sqrt{2}$时效果比较好，常量k常取这个数值。上述公式首先对图像进行高斯模糊，然后直接将高斯模糊之后的两幅图像相减即可得到高斯差分（DOG）图像，如图6-7所示。

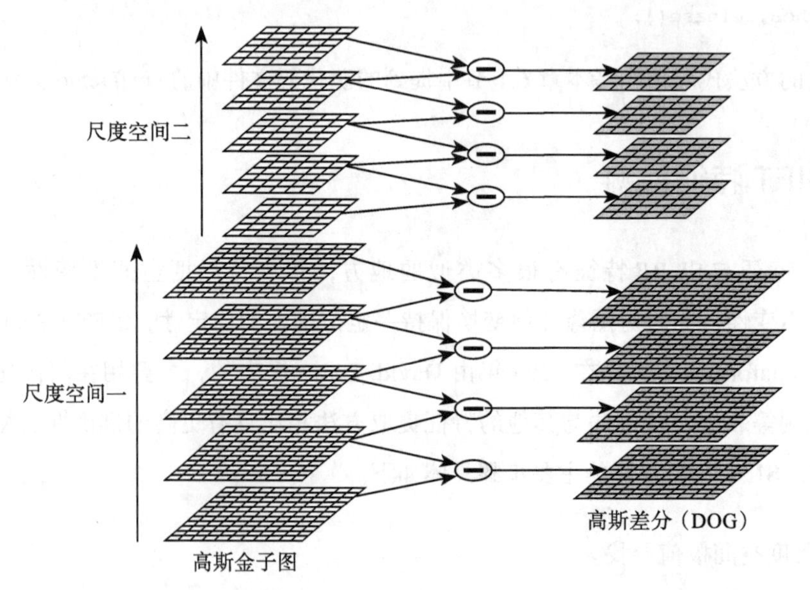

图　6-7

通过金字塔尺度空间生成 DOG 图像之后，就可以有效保证图像尺度空间不变性的特征，图 6-8 就是要在不同的尺度空间实现候选点的寻找，对于每个尺度空间，除去最上层与最下层，对中间层循环可使用 3×3×3 模板，显示如下。

将中心像素点（X 号）与周围 26 个像素点相比较，如果中心像素点大于或者小于全部 26 个像素点值，则保留，否则丢弃。这样我们就得到了一系列不同尺度空间的点集。

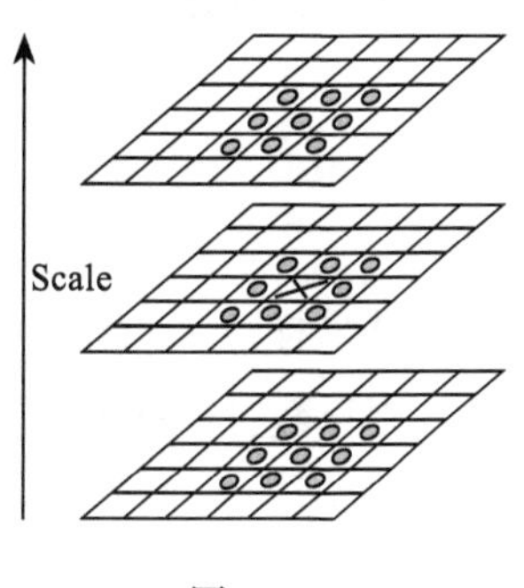

图　6-8

2. 关键点过滤与定位

对于上一步中得到的各个候选像素点，在不同的尺度空间中，因为尺度空间的各个层之间并不是连续的，而是离散的，所以上一步得到的候选点并不代表关键点在尺度空间中的真实位置，图示解释如图 6-9 所示。

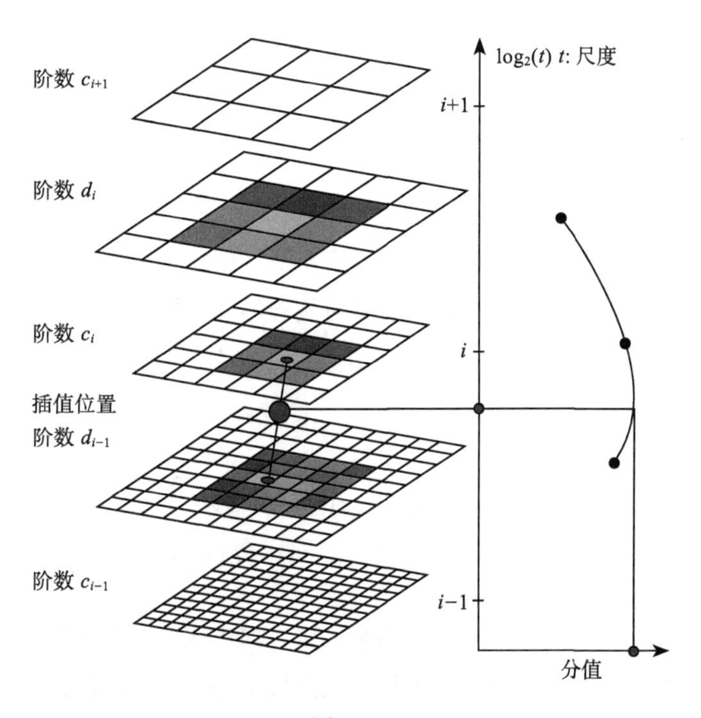

图　6-9

所以需要将尺度空间 $D(x, y, \sigma)$ 展开为泰勒级数的展开形式进行插值查找，事实证明该方法可以有效提高 SIFT 算法的准确性与稳定性：

$$D(X)=D+\frac{\partial D^{\mathrm{T}}}{\partial X}+\frac{1}{2}X^{\mathrm{T}}\frac{\partial^2 D}{\partial X^2}X$$

从采样点 $X=(x, y, \sigma)^{\mathrm{T}}$ 适度位移（一般取 0.5）计算 D 与它的导数值，若存在极大值点，则导数过零点等式变换得到如下：

$$\hat{X}=-\frac{\partial^2 D}{\partial X^2}^{-1}\frac{\partial D}{\partial X}$$

在 3×3 的范围内，当 X 在任意一个维度方向的变化超过 0.5 以上，则说明存在一个不同于当前点的采样点（也就是要寻找的极值点），中心点距离累加，继续计算直到移动变化小于 0.5 或者达到指定的计算次数，对原来的候选采样点加上累加距离，就可以得到候选关键点真正的亚像素级别位置，然后根据计算得到的各个维度方向的导数，再进行计算。如果像素对比度小于 0.03，则拒绝该点作为关键点，同时还要计算 Hessian 矩阵，以过滤一些无用的边缘像素点。这样最终得到的输出就是定位以后的 SIFT 特征关键点。

3. 方向指派

对上一步中得到的这些在尺度空间上具有不变性的稳定关键点，此时还不具备旋转不变性特征，通过方向指派的关键点将会具有旋转不变性特征。对于得到的关键点，寻找与之最近的尺度空间，对每个高斯模糊图像 L 计算它们的梯度 $m(x, y)$ 与角度 $\theta(x, y)$，计算公式如下：

$$m(x,y)=\sqrt{\left(L(x+1,y)-L(x-1,y)\right)^2+\left(L(x,y+1)-L(x,y-1)\right)^2}$$
$$\theta(x,y)=\arctan\left(L(x,y+1)-L(x,y-1)\right)/\left(L(x+1,y)-L(x-1),y\right)$$

选取关键点周围的一定范围之内的像素区域，构建基于梯度方向的方向 0° ～ 360°，每 10° 为一个 BIN 的直方图，使用高斯核生成区域范围内的权重系数，基于这些权重系数生成直方图数据，举例显示如图 6-10 所示。

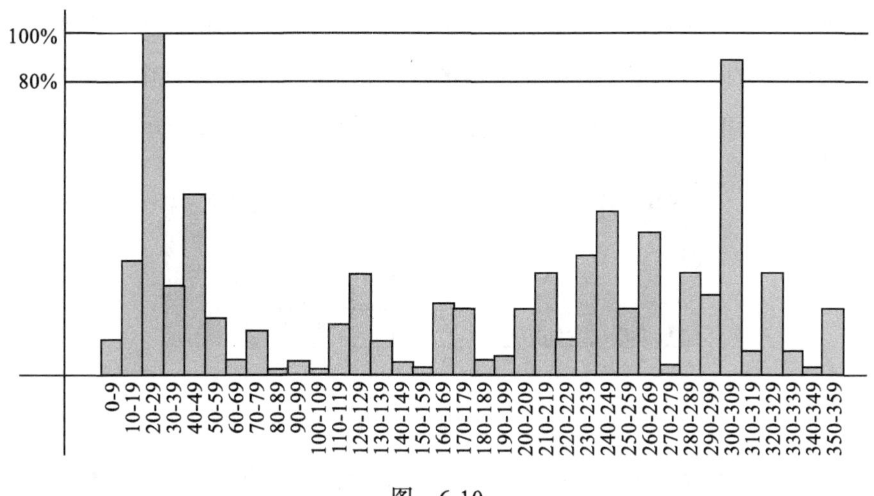

图　6-10

对所得的直方图数据，最高峰对应的角度将作为该关键点的方向角度，对于其他的峰值，如果其超过最高峰值的 80%，则同样将其指派给关键点作为方向，实验表明大约会有 15% 的关键点会被指派多个方向，但是它们对特征稳定性的贡献很大，最终的角度需要根据直方图曲线进行拟合插值来得到。

4. SIFT 特征描述子

选择关键点周围的 16 × 16 像素区域范围，分为 4 × 4 网格，对每个网格内的像素区域进行计算得到 0° ～ 360° 的，每个 BIN 是 45° 的 8 个 BIN 的直方图数据，这样就可以得到总数为 4 × 4 × 16 =128 的特征向量，如图 6-11 所示。

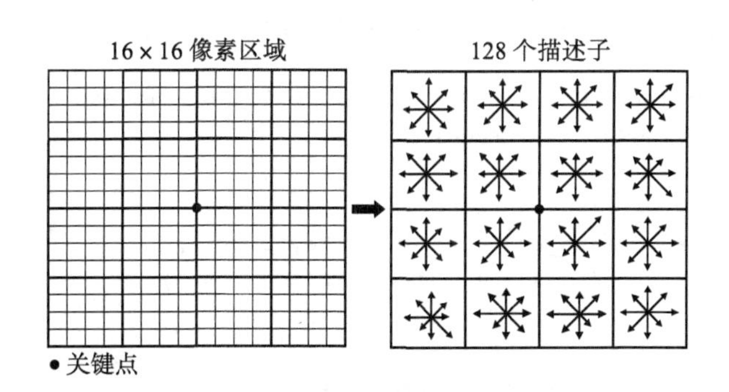

图　6-11

上述所得的特征向量没有考虑关键点的位置对直方图的影响，理论上越靠近关键点的地方，形成直方图的时候应该获得越高的权重，反之，距离较远则权重较低，而高斯核分布正好符合此条件，所以对上述区域生成高斯核，如图 6-12 所示。

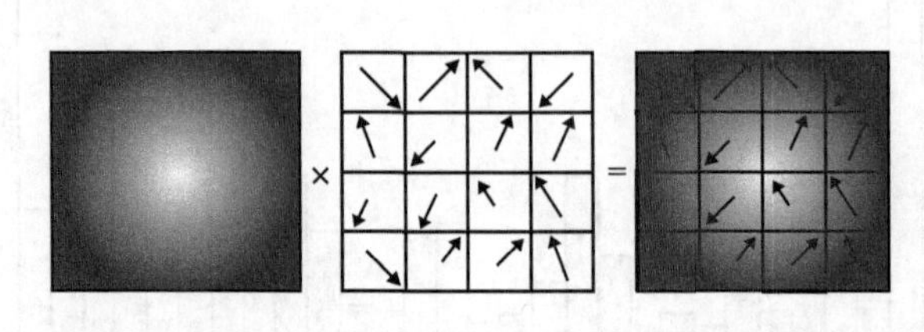

图 6-12

使用这些权重系数，对上述每个 4×4 区域完成高斯分布权重计算，最终得到 128 个数据，归一化之后就称这些数据为 SIFT 描述子，这些数据同时具有尺度空间不变性与旋转不变性的特征，对图像光照、透视、噪声都具有一定的稳定性。

5. OpenCV 中 SIFT 算法的使用

OpenCV 扩展模块中已经实现了 SIFT 算法，其可以完成对图像 SIFT 特征关键点的提取并生成描述子，借助 6.3 节介绍的两种匹配算法可实现基于 SIFT 算法图像对象的匹配。其实现步骤具体如下。

（1）创建 SIFT 检测器并实现关键点检测

SIFT 方法同样来自于扩展模块 SIFT 对象，通过 create() 方法即可创建默认参数的 SIFT 对象实例，使用该实例的 detect 方法即可实现关键点检测，相关代码如下：

```
String boxFile = fileUri.getPath().replaceAll("box_in_scene", "box");
Mat boxImage = Imgcodecs.imread(boxFile);

SIFT sift_detector = SIFT.create();
MatOfKeyPoint keyPoints_box = new MatOfKeyPoint();
MatOfKeyPoint keyPoints_scene = new MatOfKeyPoint();

// 特征检测 - 关键点
sift_detector.detect(boxImage, keyPoints_box);
sift_detector.detect(src, keyPoints_scene);
```

（2）计算生成描述子

得到关键点数据之后，根据关键点调用 SIFT 对象的 compute 方法即可通过计算得到 SIFT 特征描述子数据，相关代码如下：

```
// 获取描述子
Mat descriptor_txt = new Mat();
Mat descriptor_scene = new Mat();
sift_detector.compute(boxImage, keyPoints_box, descriptor_txt);
sift_detector.compute(src, keyPoints_scene, descriptor_scene);
```

（3）场景对象匹配

根据所获得的两组描述子数据，使用 BF 方法进行匹配，然后绘制关键点匹配，相关代码显示如下：

```
// 匹配
MatOfDMatch matches = new MatOfDMatch();
DescriptorMatcher descriptorMatcher = DescriptorMatcher.
create(DescriptorMatcher.BRUTEFORCE_SL2);
descriptorMatcher.match(descriptor_txt, descriptor_scene, matches);
Features2d.drawMatches(boxImage, keyPoints_box, src, keyPoints_scene, matches,
dst);
```

完整的代码请参见本章源代码文件中的 siftDemo 方法，运行结果显示如图 6-13 所示。

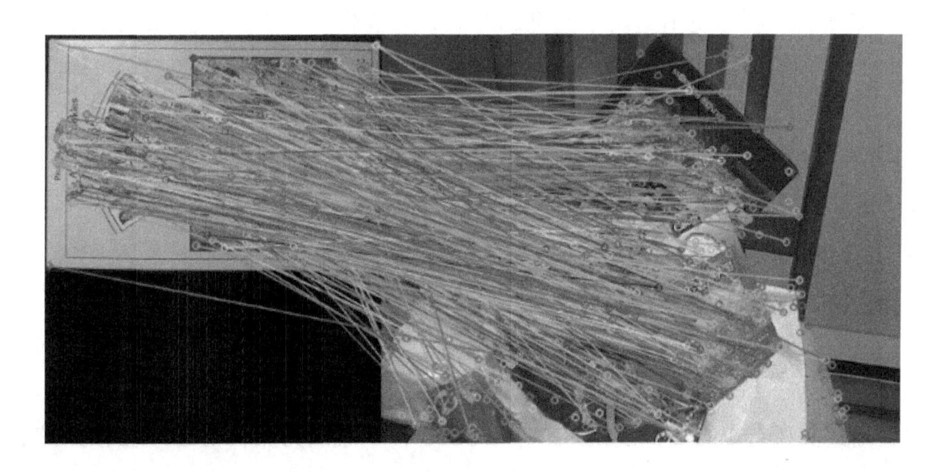

图　6-13

6.5　Feature2D中的检测器与描述子

前面两节提到SURF与SIFT特征检测器与描述子，其实都是OpenCV扩展模块xfeature2d中的内容，而在OpenCV本身包含的feature2d模块中也包含了几个非常有用的特征检测器与描述子，其所支持的特征点检测器（FeatureDetector）具体如下。

- FAST = 1
- STAR = 2
- ORB = 5
- MSER = 6
- GFTT = 7
- HARRIS = 8
- SIMPLEBLOB = 9
- DENSE = 10
- BRISK = 11
- AKAZE = 12

其中，3、4本来是SIFT与SURF的，但很不幸的是，在OpenCV3.x中，它们已经被移到扩展模块中了。如果你使用的是OpenCV官方编译好的OpenCV4Android 3.x版本的SDK，那么当声明与使用这两个类型的时候，它会告诉你不支持。feature2d支持的特征点检测器还支持以下的描述子类型。

- DescriptorExtractor.ORB = 3
- DescriptorExtractor.BRIEF = 4
- DescriptorExtractor.BRISK = 5
- DescriptorExtractor.FREAK = 6
- DescriptorExtractor.AKAZE = 7

这里，其实还有1与2分别是SIFT与SURF，不过因为其功能已经被移到扩展模块中去了，所以如果你声明使用的话，会抛出不支持的错误提示。在feature2d模块中同时具有特征点检测与描述子功能的方法有 ORB、BRISK、AKAZE。下面我们简单介绍一下这三种特征提取方法。

1. ORB 检测器与描述子

ORB（Oriented FAST and Rotated BRIEF）是 OpenCV 实验室于 2011 年开发出来的一种新的特征提取算法，相比较于 SIFT 与 SURF，ORB 的一大好处是没有专利限制，可以免费自由使用，同时具有旋转不变性与尺度不变性。ORB 通过 FAST 方法寻找候选特征点，假设灰度图像像素点 A 周围的像素存在连续大于或者小于 A 的灰度值，选择任意一个像素点 P，假设半径为 3，其周围的 16 个像素表示如图 6-14 所示。

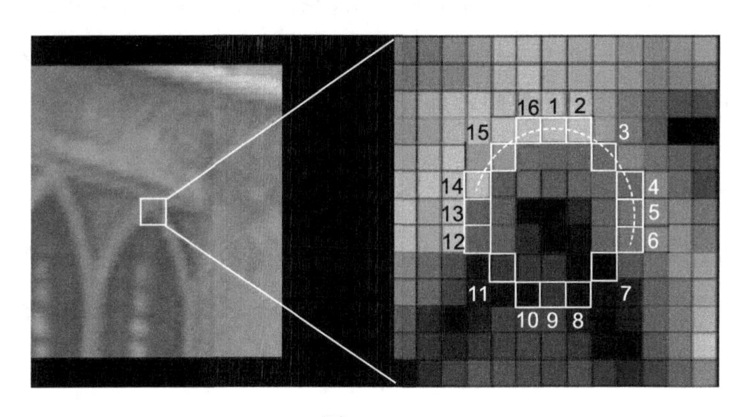

图　6-14

假设存在连续 N 个点满足

$$|I_x - I_p| > t$$

则像素点 P 被标记为候选特征点、通常 N 取值为 9 或 12，图 6-14 中 $N = 9$。为了简化计算，我们可以只计算 1、9、5、13 四个点，若其中至少有三个点满足上述不等式条件，即可将 P 视为候选点。对所得到的候选点使用 Harris 方法寻找关键点，建立尺度空间计算角度方向，然后使用 BIREF 方法生成描述子，通过几何距实现旋转不变性特征。OpenCV4Android 中创建 ORB 检测器与描述子的代码如下：

```
FeatureDetector detector = FeatureDetector.create(FeatureDetector.BRISK);
```

```
DescriptorExtractor descriptorExtractor = DescriptorExtractor.create
(DescriptorExtractor.BRISK);
```

2. BRISK 检测器与描述子

BRISK（Binary Robust Invariant Scalable Keypoint）特征检测与描述子是在 2011 年由几位作者联合提出的一种新的特征提取算法，其主要部分可以分为如下两步。

（1）尺度空间关键点检测

其尺度空间关键点检测是基于 AGAST 关键点检测的 FAST 版本，最常见的尺度空间检测器是 FAST 9-16，其同样是首先建立尺度空间，然后在每个尺度上完成 FAST 特征点检测，对检测得到的特征点，同样需要亚像素级别的特征点定位与生成，这点与 SIFT 算法的关键点定位很相似，最终即可得到图像特征的关键点。

（2）关键点描述子生成

BRISK 描述子是一个二进制的字符串，这点与 ORB 特征描述子类似，所以它具有很快的匹配速度，这里需要为每个关键点寻找方向以达到旋转不变性的特征。定义以关键点 K 为中心的圆等间距采样，$N=60$ 时，显示如图 6-15 所示。

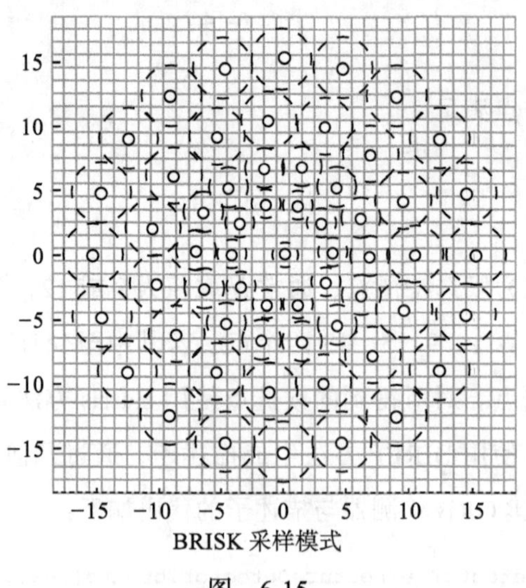

图　6-15

对于上述得到的各个标记采样点 P_i（小圆圈表示），为了避免混叠效果，使用高斯核标准方差参数为 σ_i 对每个采样点的一定范围区域（每个小圆圈外层的虚线圆圈）进行模糊操作，然后计算任意两个采样点之间的梯度，公式如下：

$$g(P_i, P_j)=(P_j-P_i)\cdot\frac{I(P_j, \sigma_j)-I(P_i, \sigma_i)}{||P_j-P_i||^2}$$

对于关键点 K 周围的 N 个点来说，最终得到的点对数目为 $\frac{N\cdot(N-1)}{2}$，假设集合 A 为所有采样点：

$$A=\{(P_i, P_j)\in R^2\times R^2|i<\mathrm{N}\wedge j<i\wedge i,j\in N\}$$

定义两个距离集合，短距离集合 S，长距离集合 L，分别如下：

$$S=\left\{\left(P_i,P_j\right)\in A\left|\left\|P_j-P_i\right\|<\delta_{\max}\right.\right\}\subseteq A$$
$$L=\left\{\left(P_i,P_j\right)\in A\left|\left\|P_j-P_i\right\|>\delta_{\min}\right.\right\}\subseteq A$$

其中，最大与最小阈值分别为 $\delta_{\max}=9.75t$，$\delta_{\min}=13.67t$（t 是关键点 K 所在层的尺度空间值，这里假设 $t=1$），循环所有长距离的点对集合 L，使用下面的公式计算可得到方向指派：

$$g=\begin{pmatrix}g_x\\g_y\end{pmatrix}=\frac{1}{L}\cdot\sum_{\left(P_i,P_j\right)}g\left(P_i,P_j\right)$$

得到角度为 $\alpha=\arctan 2\,(g_y, g_x)$，对于所有短距离集合点对 S，描述子 d_k 循环每个短距离采样点对（(P_j^α, P_i^α)），使用如下公式比较它们的灰度强度：

$$b=\begin{cases}1, & I\left(P_j^\alpha,\sigma_j\right)>I\left(P_i^\alpha,\sigma_i\right)\\0, & \text{其他情况下}\end{cases}$$
$$\forall\left(P_i^\alpha,P_j^\alpha\right)\in S$$

计算得到位输出形成最终的二进制值描述子字符串即可为BRISK。在OpenCV4 Android中创建BRISK特征检测器与描述子的代码如下：

```
FeatureDetector detector = FeatureDetector.create(FeatureDetector.BRISK);
DescriptorExtractor descriptorExtractor = DescriptorExtractor.
create(DescriptorExtractor.BRISK);
```

3. AKAZE检测器与描述子

AKAZE算法是SIFT算法之后具有尺度不变性与旋转不变性算法领域的再一次突破，它是KAZE特征提取算法的加速版本，其算法原理有别于前面提到的几种方法，其是通过正则化PM方程与AOS（加性算子分裂）方法来求解非线性扩散，从而得到尺度空间的每一层，采样的方法与SIFT类似，对每一层实现候选点的定位与过滤以实现关键点的提取，然后再使用与SURF求解方向角度类似的方法实现旋转不变性特征，最终生成AKAZE描述子。AKAZE算法的原理本身比较复杂，对其进一步的深入讨论已经超出了本书范围，感兴趣的读者可以进一步阅读相关论文。在OpenCV4Android中创建AKAZE特征检测器与描述子的代码如下：

```
FeatureDetector detector = FeatureDetector.create(FeatureDetector.AKAZE);
DescriptorExtractor descriptorExtractor = DescriptorExtractor.
create(DescriptorExtractor.AKAZE);
```

4. OpenCV4Android中feature2d检测器与描述子的使用

基于feature2d中的检测器对象实现对象关键点检测的演示代码如下：

```
FeatureDetector detector = null;
if(type == 1) {
    detector = FeatureDetector.create(FeatureDetector.ORB);
} else if(type == 2) {
    detector = FeatureDetector.create(FeatureDetector.BRISK);
} else if(type == 3) {
    detector = FeatureDetector.create(FeatureDetector.FAST);
} else if(type == 4){
    detector = FeatureDetector.create(FeatureDetector.AKAZE);
} else {
    detector = FeatureDetector.create(FeatureDetector.HARRIS);
}
```

```
    MatOfKeyPoint keyPoints = new MatOfKeyPoint();
    detector.detect(src, keyPoints);
    Features2d.drawKeypoints(src, keyPoints, dst);
```

以 BRISK 为例，在 feature2d 中实现图像特征检测、描述子计算、特征匹配的演示代码如下：

```
    private void descriptorDemo(Mat src, Mat dst) {
        String boxFile = fileUri.getPath().replaceAll("box_in_scene", "box");
        Mat boxImage = Imgcodecs.imread(boxFile);
        FeatureDetector detector = FeatureDetector.create(FeatureDetector.AKAZE);
        DescriptorExtractor descriptorExtractor = DescriptorExtractor.create
(DescriptorExtractor.AKAZE);

        // 关键点检测
        MatOfKeyPoint keyPoints_box = new MatOfKeyPoint();
        MatOfKeyPoint keyPoints_scene = new MatOfKeyPoint();
        detector.detect(boxImage, keyPoints_box);
        detector.detect(src, keyPoints_scene);

        // 描述子生成
        Mat descriptor_box = new Mat();
        Mat descriptor_scene = new Mat();
        descriptorExtractor.compute(boxImage, keyPoints_box, descriptor_box);
        descriptorExtractor.compute(src, keyPoints_scene, descriptor_scene);

        // 特征匹配
        MatOfDMatch matches = new MatOfDMatch();
        DescriptorMatcher descriptorMatcher = DescriptorMatcher.create
(DescriptorMatcher.BRUTEFORCE_HAMMING);
        descriptorMatcher.match(descriptor_box, descriptor_scene, matches);
        Features2d.drawMatches(boxImage, keyPoints_box, src, keyPoints_scene,
matches, dst);

        // 释放内存
        keyPoints_box.release();
        keyPoints_scene.release();

        descriptor_box.release();
        descriptor_scene.release();
        matches.release();
    }
```

运行时，首先需要把 drawable 中的 box.png 与 box_in_scene 图像放到 SD 卡上的指定目录下，在演示程序运行之后选择 box_in_scene 图像即可。

6.6 特征匹配查找已知对象

如果有一张已知对象样本图像，对它进行特征提取生成特征描述子，然后对输入的场景图像同样进行特征提取生成描述子，使用 BF 或者 FLANN 匹配算法完成匹配，获取最大与最小匹配距离值，距离越小，匹配关键点对的匹配程度就越高，过滤掉那些距离比较大的匹配特征点对之后得到的匹配点对集合，在场景图像中，通过寻找单应性矩阵配准实现对已知对象的定位发现，最后对得到的四个点绘制直线使其相连接，并在场景图像中绘制已知对象的外接矩形。通过前面几节的学习，关于对象特征检测、描述子生成以及匹配我们已经理解与掌握了相关的知识，这里主要介绍如何使用单应性矩阵发现与定位已知对象的位置。

1. 单应性矩阵介绍

单应性矩阵是投影几何中的一个术语，其在本质上是一个数学概念，但是 OpenCV 中有几个透视变换相关的函数都用到了单应性矩阵的概念与知识。这里所说的单应性矩阵主要是指平面单应性矩阵，在三维坐标 XYZ 中，Z=1 就是平面坐标了，这个与三维齐次坐标有点类似，单应性矩阵主要用来解决如下两个问题。

1）表述真实世界中一个平面及与其对应的图像的透视变换。

2）通过透视变换实现将图像从一种视图变换到另外一种视图。

在已知的对象识别与对象检测中，对象在场景中的视图可能与我们提供的模板视图不是很一致，这个时候就需要根据它们匹配的特征点数目，使用相关 API 函数计算得到它们之间的透视变换矩阵 H（定义了八个自由度），使用的 API 及其参数解释具体如下：

```
findHomography(MatOfPoint2f srcPoints, MatOfPoint2f dstPoints, int method,
double ransacReprojThreshold)
```

- srcPoints：输入的对象图像上的多个点坐标。
- dstPoints：输入场景上的关键点坐标。
- 配准方法：默认是八点法，对于噪声比较多的图像使用 RANSAC 与 LMEDS 方法效果比较好。
- ransacReprojThreshold：当使用 RANSAC 时，需要的阈值系数，取值范围在 0 ～ 10 之间。

2. 编程实现步骤

基于已知对象图像实现常见图像中的对象检测，完整的代码实现步骤如下。

1）读取图像，转为灰度：

```
String boxFile = fileUri.getPath().replaceAll("box_in_scene", "box");
Mat boxImage = Imgcodecs.imread(boxFile, Imgcodecs.IMREAD_GRAYSCALE);
Mat gray = new Mat();
Imgproc.cvtColor(src, gray, Imgproc.COLOR_BGR2GRAY);
```

2）使用 SURF 特征检测与描述子生成：

```
SURF surf_detector = SURF.create(400, 4, 3, false, false);
MatOfKeyPoint keyPoints_box = new MatOfKeyPoint();
MatOfKeyPoint keyPoints_scene = new MatOfKeyPoint();

// 特征检测 - 关键点
surf_detector.detect(boxImage, keyPoints_box);
surf_detector.detect(gray, keyPoints_scene);

// 获取描述子
Mat descriptor_box = new Mat();
Mat descriptor_scene = new Mat();
surf_detector.compute(boxImage, keyPoints_box, descriptor_box);
surf_detector.compute(gray, keyPoints_scene, descriptor_scene);
```

3）完成对象与场景图像描述子之间的匹配，这里选择 FLANN 匹配：

```
// 匹配
MatOfDMatch matches = new MatOfDMatch();
DescriptorMatcher descriptorMatcher = DescriptorMatcher.create(DescriptorMatcher.
FLANNBASED);
```

```
descriptorMatcher.match(descriptor_box, descriptor_scene, matches);
```

4）寻找匹配程度较高的关键点：

```
// find min max distance
DMatch[] dm_arrays = matches.toArray();
double max_dist = 0; double min_dist = 100;
for(int i=0; i<descriptor_box.rows(); i++) {
    double dist = dm_arrays[i].distance;
    max_dist = Math.max(dist, max_dist);
    min_dist = Math.min(dist, min_dist);
}
Log.i("Find Known Object", "max distance : " + max_dist);
Log.i("Find Known Object", "min distance : " + min_dist);

ArrayList<DMatch> goodMatches = new ArrayList<DMatch>();
double t = 3.0*min_dist;
for(int i=0; i<descriptor_box.rows(); i++) {
    if(dm_arrays[i].distance <= t) {
        goodMatches.add(dm_arrays[i]);
    }
}
Features2d.drawMatches(boxImage, keyPoints_box, gray, keyPoints_scene, new
MatOfDMatch(goodMatches.toArray(new DMatch[0])),
            dst, Scalar.all(-1), Scalar.all(-1), new MatOfByte(),Features2d.NOT_
DRAW_SINGLE_POINTS);

// 得到匹配程度较高的关键点对
Point[] boxes = new Point[goodMatches.size()];
Point[] scenes = new Point[goodMatches.size()];
KeyPoint[] kp_boxes = keyPoints_box.toArray();
KeyPoint[] kp_scenes = keyPoints_scene.toArray();
for(int i=0; i<goodMatches.size(); i++) {
   boxes[i] = (kp_boxes[goodMatches.get(i).queryIdx].pt);
   scenes[i] = (kp_scenes[goodMatches.get(i).trainIdx].pt);
}
```

5）通过发现单应性矩阵方法得到单应性矩阵，完成透视变换得到对象位置：

```
Mat H = Calib3d.findHomography(new MatOfPoint2f(boxes), new
MatOfPoint2f(scenes), Calib3d.RANSAC, 3);
Mat obj_corners = new Mat(4,1,CvType.CV_32FC2);
Mat scene_corners = new Mat(4,1,CvType.CV_32FC2);
obj_corners.put(0, 0, new double[] {0,0});
```

```
    obj_corners.put(1, 0, new double[] {boxImage.cols(),0});
    obj_corners.put(2, 0, new double[] {boxImage.cols(),boxImage.rows()});
    obj_corners.put(3, 0, new double[] {0,boxImage.rows()});
    Core.perspectiveTransform(obj_corners, scene_corners, H);
```

6）在匹配图像上绘制外接矩形：

```
    // 绘制直线，矩形外接框
    Imgproc.line(dst, new Point(scene_corners.get(0,0)[0]+boxImage.cols(), scene_
corners.get(0,0)[1]),
                new Point(scene_corners.get(1,0)[0] + boxImage.cols(), scene_
corners. get(1,0)[1]),
            new Scalar(0, 255, 0),4);

    Imgproc.line(dst, new Point(scene_corners.get(1,0)[0]+boxImage.cols(), scene_
corners.get(1,0)[1]),
            new Point(scene_corners.get(2,0)[0]+boxImage.cols(), scene_corners.get
(2,0)[1]),
            new Scalar(0, 255, 0),4);

    Imgproc.line(dst, new Point(scene_corners.get(2,0)[0]+boxImage.cols(), scene_
corners.get(2,0)[1]),
            new Point(scene_corners.get(3,0)[0]+boxImage.cols(), scene_corners.get
(3,0)[1]),
            new Scalar(0, 255, 0),4);

    Imgproc.line(dst, new Point(scene_corners.get(3,0)[0]+boxImage.cols(), scene_
corners.get(3,0)[1]),
            new Point(scene_corners.get(0,0)[0]+boxImage.cols(), scene_corners.get
(0,0)[1]),
            new Scalar(0, 255, 0),4);
```

完整的代码实现请参考 findKnownObject 方法，运行时候需要把 box.png 与 box_in_scene.png 两个文件复制到 SD 的一个目录下，然后运行演示程序，选择 box_in_scene.png 文件即可运行。

6.7　级联分类器与人脸检测

级联分类器的概念出自 2001 年 Paul Viola 与 Michael Jones 提出的论文《基于级联分类器的快速对象检测》。其是基于级联分类技术实现对人脸对象的实时快速检测，总结来说级联分类器具有如下几个特征。

- 高拒绝率与低通过率。
- 弱分类器组合级联。
- 实时快速计算。

常见的级联分类器大多是基于 LBP 特征与 HAAR 特征实现的。基于 LBP 与 HAAR 特征针对特定目标训练得到分类器数据，可以保存、加载、有效地进行对象识别。人脸检测就是其中最典型的例子之一。所以我们首先来介绍一下 LBP 与 HAAR 特征。

1. LBP 特征介绍

局部二值模式（Local Binary Pattern，LBP）特征提取主要针对灰度图像，对于每个像素点来说，它周围都有 8 个与之相连通的像素（边缘除外），简称图像像素点的八领域，中心像素点与八领域中的任意一个相比较都能得到一个布尔值，把这 8 个布尔值连接起来就是一个二进制字符串，用于表示中心像素点，以上就是 LBP 特征的原生定义，如图 6-16 所示。

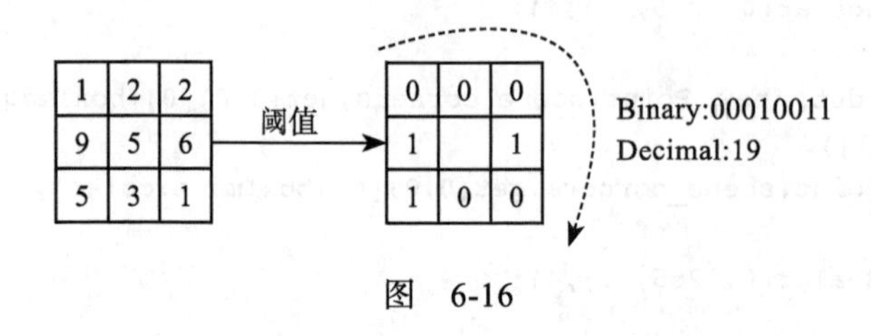

图　6-16

中心像素为 P=5，对于所有领域的像素，凡是小于中心像素的均设置为 0，否则设置为 1。更长见的周围的像素是半径为 1 的圆形，其 LBP 表达如图 6-17 所示。

采用不同半径大小的 LBP 模式，就可以建立尺度空间，所实现的特征数据具有尺度不变性，此外 LBP 最基础的模式有 256 个，通过进一步分析可以得到 LBP 的扩展模式，而扩展模式有 59 个，这样就可以实现直方图降维计算，进一步降低计算量。只是当以圆形距离计算 LBP 模式的时候，需要对一些非整数的像素点做插值计算才能得到它的像素值，然后与中心位置相比较得到 BIT 位，常见的插值方式有最近邻插值与双线性插值。

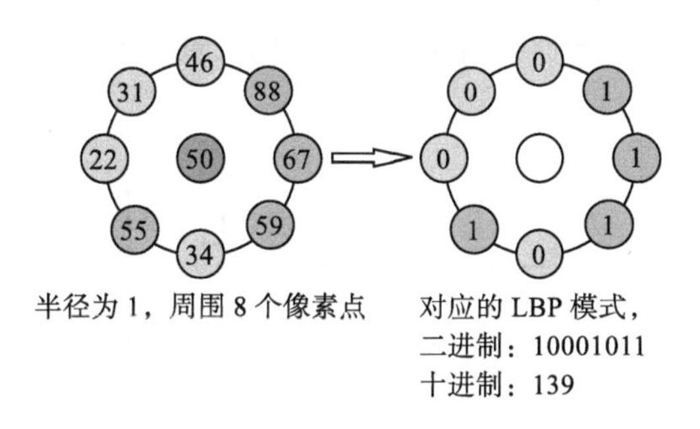

图　6-17

2. HAAR 特征介绍

HAAR 特征是从 HAAR 小波基延伸得到的，对于时间 T 来说，在前面 1/2 时刻 HAAR 的值为 1，后面 1/2 时刻 HAAR 的值为 −1，其他时刻则为 0，这样就可以得到 HAAR 小波函数表达式，对其 X 方向与 Y 方向求导就可以得到它们各自的表达算子，显示如图 6-18 所示。

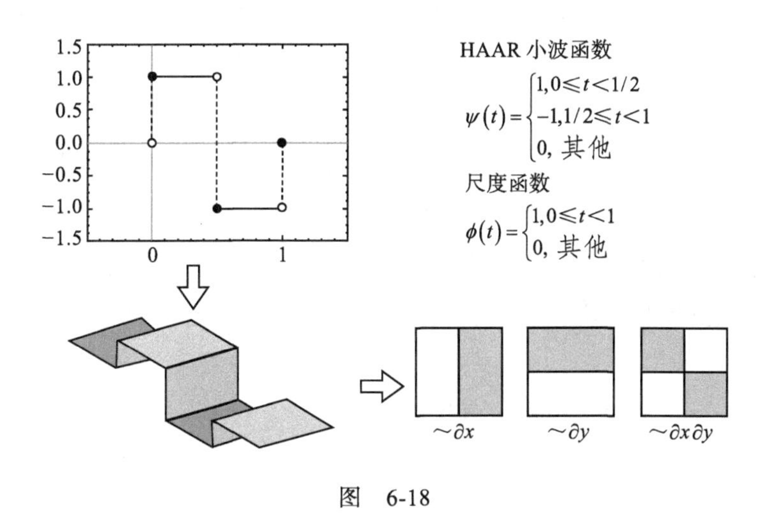

图　6-18

图 6-18 中 HAAR 特征的黑色区域表示 −1，白色区域表示 1，它们都是 HAAR 的基本特征，进一步变形可得到 HAAR-LIKE 特征与扩展特征，同样 HAAR 特征也是针对灰度图像计算完成的，但是与 LBP 特征不同的是，HAAR 特征可以预先通过积分图计算得到和表与平方和表，然后在 HAAR 特征提取与计算阶段通过对积分图和表查找实现与

HAAR 特征半径大小无关的线性时间计算。积分图计算可以表示为如图 6-19。

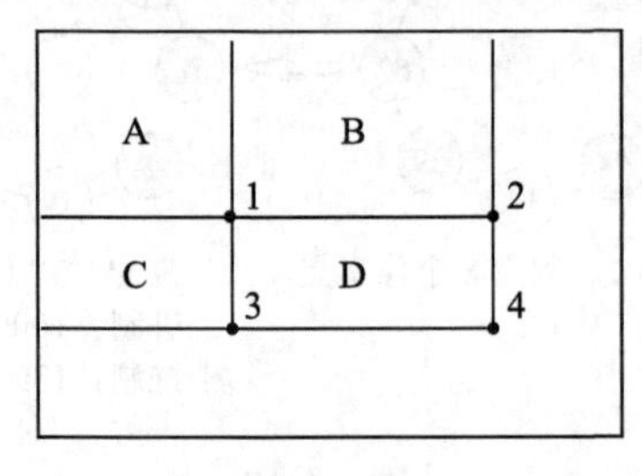

图　6-19

矩形区域 D 的像素之和可以通过计算四个相关区域的和来得到，它们分别是 1 表示区域 A、2 表示区域 A+B、3 表示区域 A+C、4 表示区域 A+B+C+D，则区域 D=4+1−(2+3)，这样对任意区域的求和就可以通过线性时间的查找来完成。

3. 级联分类器介绍

单个 LBP 或者 HAAR 特征都可以检测分类边缘、直线、角点等图像特征，但是它们又极容易受到外界噪声、像素混叠等各种干扰，导致误判，所以它们单个都是弱分类器，级联分类器是基于上述提到的 LBP 或者 HAAR 特征，根据尺度不同，将几个 LBP 或者 HAAR 特征组合在一起成为强分类器，然后根据需要，将几个强分类器组合成级联分类器，只有通过这些级联分类器的特征点才会被保留，否则会被抛弃，然后再进一步使用更多的强分类器级联对特征区域进行候选检测，直到满足指定的条件或者阈值，输出检测得到的最终检测结果，一个简单的级联分类器图示如图 6-20 所示。

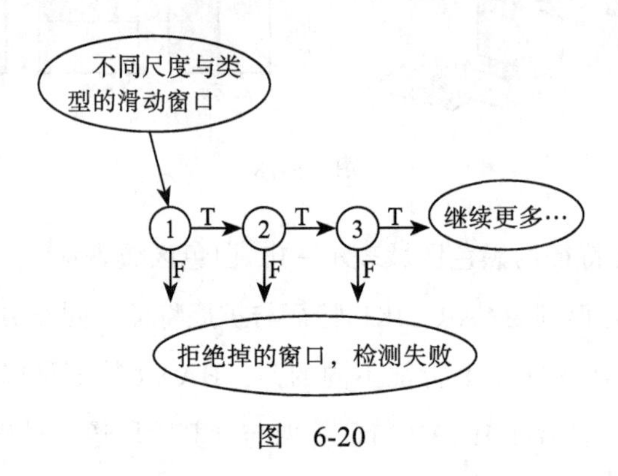

图　6-20

如果分类器是基于 LBP 特征的，那么就称其为 LBP 级联分类器，如果分类器是基于 HAAR 特征的，那么就称其为 HAAR 特征级联分类器，这两种级联分类器在 OpenCV 中都是受支持的。

4. OpenCV 中的人脸检测

OpenCV 中的人脸检测是基于训练好的 LBP 与 HAAR 特征级联检测器完成的，下载好 OpenCV4Android SDK 之后，你就可在它的 sdk\etc 目录下发现 haarcascades 与 lbpcascades 两个文件夹，里面是它们各自训练好的人脸检测级联分类器数据，只有正确地加载这些 XML 数据，初始化级联分类器之后，就可以使用它完成人脸检测功能。OpenCV 中级联检测器相关的 API 对象为 CascadeClassifier，它最主要的一个方法就是实现人脸检测，其方法名与相关参数解释如下：

```
    detectMultiScale(Mat image, MatOfRect objects, double scaleFactor, int
minNeighbors, int flags, Size minSize, Size maxSize)
```

- image：输入图像。
- objects：表示检测到的对象个数，返回每个对象的矩形 BOX 坐标。
- scaleFactor：尺度变换的比率，基本在 1.05 ～ 1.2 之间比较好。
- minNeighbors：领域范围内符合条件的对象个数，它是输出检测最终 BOX 的重要阈值，太大，则条件比较苛刻，容易丢失检测对象，太小，则容易导致错误检测。
- flags：OpenCV 2.x 版本使用的参数，这里不需要，设置为 0 即可。
- minSize：对象检测的最小范围。
- maxSize：对象检测的最大范围。

基于 HAAR 或者 LBP 特征数据完成人脸检测，首先需要加载预训练特征 XML 数据，在资源目录下创建一个文件夹命名为 raw，把 sdk/etc 下面的 haarcascade_frontalface_alt_tree.xml 复制到 raw 中之后，可使用如下代码去初始化创建一个级联检测器对象实例：

```
private void initFaceDetector() throws IOException {
    InputStream input = getResources().openRawResource(R.raw.lbpcascade_
```

```
frontalface);
        File cascadeDir = this.getDir("cascade", Context.MODE_PRIVATE);
        File file = new File(cascadeDir.getAbsoluteFile(), "lbpcascade_frontalface.
xml");
        FileOutputStream output = new FileOutputStream(file);
        byte[] buff = new byte[1024];
        int len = 0;
        while((len = input.read(buff)) != -1) {
                output.write(buff, 0, len);
        }
        input.close();
        output.close();
        faceDetector = new CascadeClassifier(file.getAbsolutePath());
        file.delete();
        cascadeDir.delete();
    }
```

其中，faceDetector 是定义的级联检测器类型，初始化加载之后，就可以调用它的 detectMultiScale 方法设置好相关参数以实现人脸检测，相关代码如下：

```
    private void faceDetectionDemo(Mat src, Mat dst) {
        Mat gray = new Mat();
        Imgproc.cvtColor(src, gray, Imgproc.COLOR_BGRA2GRAY);
        MatOfRect faces = new MatOfRect();

        // 人脸检测
        faceDetector.detectMultiScale(gray, faces, 1.1, 3, 0, new Size(50, 50), new
Size());

        // 绘制 BOX
        List<Rect> faceList = faces.toList();
        src.copyTo(dst);
        if(faceList.size() > 0) {
                for(Rect rect : faceList) {
                    Imgproc.rectangle(dst, rect.tl(), rect.br(), new Scalar(0, 0,
255), 2, 8, 0);
              }
        }
        gray.release();
    }
```

完整的演示程序代码请参考本章源文件 Feature2dMainActivity.java，同时对于训练样本足够多的情况，LBP 特征级联检测器可以获得与 HAAR 特征级联检测器一样的精准度，但是在速度上 LBP 通常会比 HAAR 快一个数量级。

6.8　小结

本章我们学习了视觉不变性特征相关的图像处理算法，这些算法中最常见的就是 SIFT 与 SURF，SURF 是一种比 SIFT 更快的不变性算法（旋转与尺度不变性）。这些算法在图像相似对比、已知对象检测与识别、图像对象与拼接方面扮演着不可替代的核心角色。帮助读者学习理解算法的基本原理、熟悉使用相关 API 函数是作者写作本章内容的初衷，源代码也是本章内容的一部分，希望读者运行、修改、使用本章提供的代码，加深对本章知识的理解与掌握。

本章内容主要是针对于 feature2d 与 xfeature2d 两个模块，这两个模块是 OpenCV 核心模块功能之一，学习理论的同时，对本章提到的 API 函数的使用，参数意义的理解与掌握也是十分必要的，其有助于提升读者对 feature2d 与 xfeature2d 内容的了解，从而达到学以致用、知行合一的目的。

CHAPTER 7

第7章 相机使用

移动端的设备一般都有前置摄像头与后置摄像头，OpenCV 作为计算机视觉开源框架，对各种型号与种类的摄像头连接与数据读取都做到了很高的兼容性与稳定性，对有多个摄像头的移动设备来说，OpenCV 会检测获得的摄像头数目，然后根据使用索引的不同来决定使用哪个摄像头完成指定的数据采集。本章就一起来学习如何通过 OpenCV 使用移动设备中的摄像头视频流。基于这些实时的视频流，我们将尝试使用前面章节学习过的知识，实现视频中的对象检测，同时还会尝试使用 NDK 的方式来完成 OpenCV 代码的编写，学会如何编译和使用 NDK 方式来开发 OpenCV4Android 的相关必备知识。

在开始本章知识之前，我们假设你已经初步了解了 Android 设备上摄像头的使用方法，并对 Canvas 绘制相关 API、自定义 View 等知识都有一定程度的了解，如果你还没具备这些知识，也完全不用担心，在学习相关章节的时候，花上几分钟时间先预习一下上述相关知识点即可。

7.1 使用 JavaCameraView

对于 Android 移动端的相机调用及数据读取，OpenCV 是把原来 C++ 的部分与本地 Android SDK 进行了整合，通过桥接的方式调用 Android 手机摄像头，最重要的一个类是 JavaCameraView，它是 OpenCV 中调用 Android 手机摄像头的接口类，支持以代码和

XML View 配置的方式使用，可以在 Android 设备中使用摄像头完成前置与后置摄像头的预览与拍照功能，下面就对这些内容逐一加以说明，并完成代码演示。

在做这些之前，首先要了解一下权限问题，因为在 Android 中使用 SD 卡、相机卡等本地硬件资源的时候会涉及授权问题，而且 Android 的低版本与高版本的授权方式有点不一样。这里首先需要说明一下 Android 在不同版本上的相机授权差别，Android 在低版本中是通过向 AndroidManifests.xml 中添加文本的方式来完成授权的，添加内容如下：

```
<uses-permissionandroid:name="android.permission.CAMERA"/>
<uses-permissionandroid:name="android.permission.WRITE_EXTERNAL_STORAGE"/>
```

这种方式在 Android 6.0 以下的版本上使用没有问题，但是在 Android 6.0 以上的版本中（包括 6.0）就会出现问题，原因是 Android 系统的授权方式改变升级了，所以需要使用如下的代码进行授权：

```
    //for 6.0 and 6.0 above, apply permission
    if(Build.VERSION.SDK_INT >= 23) {
        ActivityCompat.requestPermissions(this,
                new String[]{Manifest.permission.CAMERA, Manifest.permission.WRITE_
EXTERNAL_STORAGE},
                1);
    }
```

1. OpenCV 中的相机预览

OpenCV 中实现了 Android 相机的预览，首先要创建本章的 Activity 文件 CameraView Activity.java 文件，然后创建与该文件对应的 camera_view_activity.xml layout 文件，并添加 JavaCameraView 的 XML 定义与描述，代码如下：

```
<org.opencv.android.JavaCameraView
    android:layout_width="wrap_content"
    android:layout_height="wrap_content"
    android:layout_below="@id/camera_group"
    android:visibility="gone"
    android:id="@+id/cv_camera_id"
    />
```

在上述 XML 描述中，Visibility=“ gone” 表示默认的显示方式是隐藏，然后在对应

Activity 的 onCreate 方法中添加如下代码：

```
    //getWindow().setFlags(WindowManager.LayoutParams.FLAG_FULLSCREEN,
WindowManager.LayoutParams.FLAG_FULLSCREEN);
    getWindow().addFlags(WindowManager.LayoutParams.FLAG_KEEP_SCREEN_ON);
    mOpenCvCameraView = (JavaCameraView) findViewById(R.id.cv_camera_id);
    mOpenCvCameraView.setVisibility(SurfaceView.VISIBLE);
    mOpenCvCameraView.setCvCameraViewListener(this);
```

至此，就完成了对 JavaCameraView 对象的获取及初始化操作，对于大多数的 Android 移动设备来说都有前置与后置摄像头，JavaCameraView 通过 setCameraIndex 方法根据所输入摄像头的索引值来决定是开启前置还是后置摄像头，具体如下。

- 0：开启后置摄像头。
- 1：开启前置摄像头。

在 View 定义的 XML 文件中添加如下两个 RadioButton 对象作为开启前置或者后置摄像头的选项，相关的 XML 定义如下：

```
<RadioGroup
    android:id="@+id/camera_group"
    android:layout_alignParentLeft="true"
    android:layout_alignParentStart="true"
    android:layout_alignParentTop="true"
    android:orientation="horizontal"
    android:layout_width="wrap_content"
    android:layout_height="wrap_content">

    <RadioButton
    android:id="@+id/frontCameraBtn"
    android:layout_width="wrap_content"
    android:layout_height="wrap_content"
    android:layout_alignParentLeft="true"
    android:layout_alignParentStart="true"
    android:layout_alignParentTop="true"
    android:paddingTop="10dp"
    android:text=" 前置摄像头 " />

    <RadioButton
            android:id="@+id/backCameraBtn"
            android:layout_width="wrap_content"
```

```
            android:layout_height="wrap_content"
            android:layout_alignParentTop="true"
            android:paddingTop="10dp"
            android:layout_toRightOf="@id/frontCameraBtn"
            android:text="后置摄像头" />
</RadioGroup>
```

然后在对应的 Activity 的 onCreate 方法中添加如下代码：

```
RadioButton backOption = (RadioButton)this.findViewById(R.id.backCameraBtn);
RadioButton frontOption = (RadioButton)this.findViewById(R.id.frontCameraBtn);
backOption.setSelected(true);

backOption.setOnClickListener(this);
frontOption.setOnClickListener(this);
```

响应选择 onClick（View view）的代码如下：

```
int id = view.getId();
if(id == R.id.frontCameraBtn) {
    cameraIndex = 1;
} else if(id == R.id.backCameraBtn) {
    cameraIndex = 0;
}
mOpenCvCameraView.setCameraIndex(cameraIndex);
if (mOpenCvCameraView != null) {
    mOpenCvCameraView.disableView();
}
mOpenCvCameraView.enableView();
```

其中“mOpenCvCameraView.enableView();”表示开始显示预览，JavaCameraView 默认只支持以横屏的方式进行预览。开始显示预览之后，Android 应用程序必须接受所得到图像的每一帧，并使用 CvCameraViewListener2 监听器实现对 JavaCameraView 对象的监听，在监听器的 onCameraFrame 方法中完成每一帧的数据返回，添加的代码如下：

```
public Mat onCameraFrame(CameraBridgeViewBase.CvCameraViewFrame inputFrame) {
    if(getResources().getConfiguration().orientation== Configuration.ORIENTATION_
PORTRAIT) {
        Log.i("CVCamera", "竖屏显示 ...");
    }
    Mat frame = inputFrame.rgba();
    if(cameraIndex == 0) {
```

```
            return frame;
        } else {
            Core.flip(frame, frame, 1);
            return frame;
        }
    }
```

当横屏显示的时候，若使用的是前置摄像头，则需要在返回之前完成图像的镜像变换，否则图像会呈镜像显示。最后在选择前后摄像头、横屏与竖屏相互切换的时候，我们应该在 destory 方法中禁用 JavaCameraView 对象，然后在 resume 方法中再次启用它，不然就会导致切换之后显示不正确。

图 7-1 是选择后置摄像头显示的预览图像。

图 7-1

2. OpenCV 中相机拍照

可以预览摄像头之后，相信读者都会迫切希望能够通过它实现一个拍照功能，其实该功能的实现很容易，我们只需要添加触屏事件响应即可，即在预览状态的时候，点击屏幕的任意位置响应事件操作，在指定方法中调用相机对象的 takePicture 功能，并在拍照之后通过传入的回调对象 PictureCallback，回调 onPictureTaken 方法，完成相关图像数据的保存，整个工作就完成啦。触屏响应的代码具体如下：

```
    Log.i("TAKE_PICTURE","onTouch event");
    File filedir = new File(Environment.getExternalStoragePublicDirectory(Environm
ent.DIRECTORY_PICTURES), "myOcrImages");
```

```
String name = String.valueOf(System.currentTimeMillis()) + "_ocr.jpg";
File tempFile = new File(filedir.getAbsoluteFile()+File.separator, name);
String fileName = tempFile.getAbsolutePath();
Log.i("TAKE_PICTURE",fileName);
mOpenCvCameraView.takePicture(fileName);
Toast.makeText(this, fileName + "saved", Toast.LENGTH_SHORT).show();
return false;
```

在实现拍照功能时，首先要创建一个图像文件保存路径，这里把图像文件保存在SD卡的系统图像目录下的myOcrImages文件中，如果没有可以在Android手机中自行创建一下。然后当用户点击的时候就会执行上述代码，调用takePicture，take Picture的相关代码如下：

```
public void takePicture(final String fileName) {
    Log.i(TAG, "Taking picture");
    this.imageFileName = fileName;
    System.gc(); // bug fix
    mCamera.setPreviewCallback(null);
    mCamera.takePicture(null, null, this);
}
```

上述代码执行时，首先会通过System.gc()去回收一些内存，这是因为camera是硬件资源，调用它很容易导致内存不足而不去回调最后通过onPictureTaken方法保存的图像内容，所以必须加上System.gc()这一语句。回调操作中的执行代码如下：

```
@Override
public void onPictureTaken(byte[] data, Camera camera) {
    Log.i(TAG, "Saving a bitmap to file");
    mCamera.startPreview();
    mCamera.setPreviewCallback(this);

    // Write the image in a file (in jpeg format)
    try {
        FileOutputStream fos = new FileOutputStream(imageFileName);
        fos.write(data);
        fos.close();

    } catch (java.io.IOException e) {
            Log.e(TAG, "Exception in photoCallback", e);
    }
}
```

使用 JavaCameraView 对象控制相机拍照时，需要完成一个自定义的 JavaCamera View 类型 MyCvCameraView，它继承于 JavaCameraView，同时完成了 PictureCallback 接口，可实现拍照后保存到 SD 卡上。实现拍照功能所用的各个类以及它们之间的关系如图 7-2 所示。

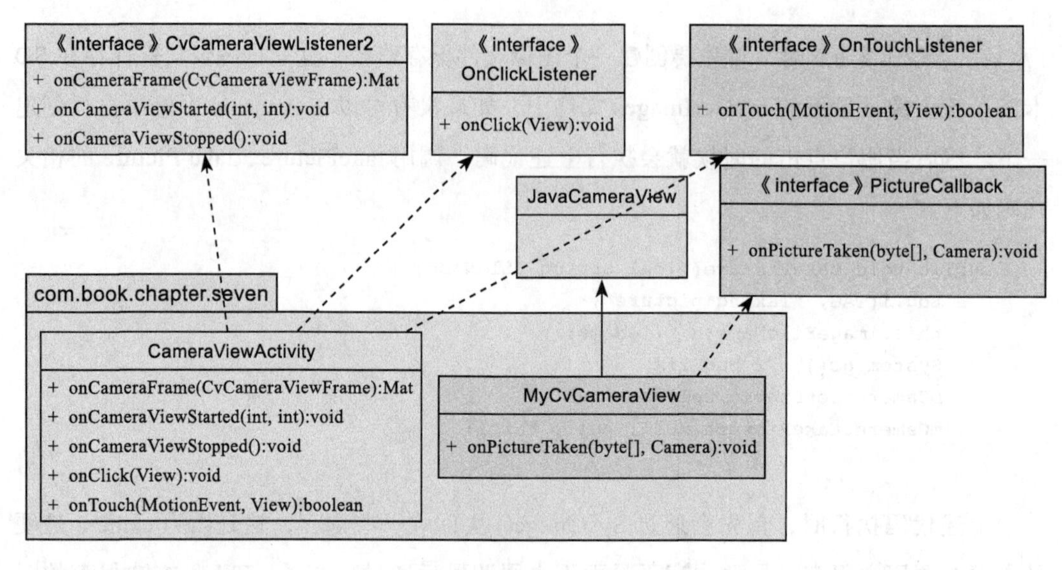

图　7-2

实现拍照功能的两个类具体说明如下。

- CameraViewActivity 类：Android Activity 类，用于完成摄像头预览与事件监听响应处理等功能。
- MyCvCameraView 类：集成自 JavaCameraView 类，调用相机实现拍照功能并回调监听保存照片。

完整的程序源代码请参考第 7 章的 MyCvCameraView.java 与 CameraViewActivity.java 文件。使用自定义 View 时对应的 XML 布局描述代码如下：

```
<com.book.chapter.seven.MyCvCameraView
    android:layout_width="wrap_content"
    android:layout_height="wrap_content"
    android:layout_below="@id/camera_group"
```

```
    android:visibility="gone"
    android:id="@+id/cv_camera_id"
    />
```

复制并替换之前相应的 JavaCameraView 的 XML 描述即可运行代码演示。

7.2 横屏与竖屏显示

在 Android 平台中使用 JavaCameraView 默认都是 LANDSCAPE（景观）显示模式，当改成 PORTRAIT 显示模式的时候，就会发现预览发生了逆时针方向的 90° 旋转，要想正确显示图像，就会有一系列的麻烦随之而来，最重要的是这样做会导致整个帧率的降低。另外一个策略就是简单地设置显示，从而把使用 JavaCameraView 对的 Activity 改成固定的 LANDSCAPE 显示模式，同时在 Layout 文件中指定 View 的宽度与高度为 match_parent，设置 camera Index = 0 默认为后置摄像头。这样就实现了横屏与竖屏的正确显示。

1. LANDSCAPE 模式显示

Layout 文件的 XML 描述代码如下

```
<?xml version="1.0" encoding="utf-8"?>
<RelativeLayout xmlns:android="http://schemas.android.com/apk/res/android"
xmlns:tools="http://schemas.android.com/tools"
    android:id="@+id/activity_mat_operations"
    android:layout_width="match_parent"
    android:layout_height="match_parent"
    android:paddingBottom="@dimen/activity_vertical_margin"
    android:paddingLeft="@dimen/activity_horizontal_margin"
    android:paddingRight="@dimen/activity_horizontal_margin"
    android:paddingTop="@dimen/activity_vertical_margin"
    tools:context="com.book.chapter.seven.DisplayModeActivity">
    <org.opencv.android.JavaCameraView
        android:layout_width="match_parent"
        android:layout_height="match_parent"
        android:layout_below="@id/camera_group"
        android:visibility="gone"
```

```
        android:id="@+id/full_screen_camera_id"
        />
</RelativeLayout>
```

在 DisplayModeActivity.java 的 onCreate 方法中添加如下代码：

```
this.setRequestedOrientation(ActivityInfo.SCREEN_ORIENTATION_LANDSCAPE);
getWindow().setFlags(WindowManager.LayoutParams.FLAG_FULLSCREEN,
WindowManager.LayoutParams.FLAG_FULLSCREEN);
getWindow().addFlags(WindowManager.LayoutParams.FLAG_KEEP_SCREEN_ON);
mOpenCvCameraView = findViewById(R.id.full_screen_camera_id);
mOpenCvCameraView.setVisibility(SurfaceView.VISIBLE);
mOpenCvCameraView.setCvCameraViewListener(this);

// 后置摄像头开启预览
mOpenCvCameraView.setCameraIndex(0);
mOpenCvCameraView.enableView();
```

与 CameraViewActivity 类相同，DisplayModeActivity 类也需要完成 CvCameraView Listener2 监听接口。完整的代码演示请参考 DisplayModeActivity 源代码文件。

2. PORTRAIT 与 LANDSCAPE 切换模式

首先是判断当前的显示模式，若最初在 LANDSCAPE 显示模式下可以正常显示，切换到 PORTRAIT 显示模式时就出现了问题，这时，则需要首先将每帧图像顺时针旋转 90° 以后再显示，代码如下：

```
@Override
public Mat onCameraFrame(CameraBridgeViewBase.CvCameraViewFrame inputFrame) {
    Mat frame = inputFrame.rgba();
    if(this.getResources().getConfiguration().orientation == ActivityInfo.SCREEN_
ORIENTATION_PORTRAIT) {
        Core.rotate(frame, frame, Core.ROTATE_90_CLOCKWISE);
    }
    return frame;
}
```

同时还需要注释掉 onCreate 方法中指定显示模式的代码。当运行上述代码的时候就会发现 PORTRAIT 显示模式运行的时候，JavaCameraView 没有实现相机预览显示功能，原因是其继承的基类 CameraBridgeViewBase 的 deliverAndDrawFrame 方法中有一个缓存图像对象，它的大小与 onCameraFrame 方法中旋转之后的 frame 大小不一致，导致无法填充缓冲区，实现绘制，这个时候可以在 deliverAndDrawFrame 方法中进行手动修改，请在 455 行后面添加如下几行代码：

```
    if (mCacheBitmap != null) {
        mCacheBitmap.recycle();
        mCacheBitmap = Bitmap.createBitmap(modified.width(), modified.height(),
Bitmap.Config.ARGB_8888);
    }
```

编译运行即可，可以看到无论是在 LANDSCAPE 显示模式下还是在 PORTRAIT 显示模式下，JavaCameraView 都可以以正确的方式显示预览图像。本节完整的代码演示请参考 DisplayModeActivity.java。

7.3　相机预览帧图像处理

通过 7.1 节和 7.2 节的学习，我们已经初步了解与掌握了 JavaCameraView 与其自定义对象实现控制相机拍照、显示预览帧、横屏与竖屏切换等功能的相关用法与代码。本节将应用前面几章所学的知识，对实时预览的图像做一些图像处理操作，这些操作通过 Android 菜单进行设置即可生效。本节演示了对预览图像进行实时处理时，不同选择所带来的帧率变化，计算性能之间的差异等，通过这些学习加深对基于 JavaCameraView 摄像头的实时图像处理的认知与理解，并梳理进行这些处理时需要遵守的编程规则与相关方法。此外，本节还演示了实时预览帧的像素反转、边缘提取、梯度计算、模糊操作等的效果。要完成这些操作，我们需要对相机预览帧图像做一些处理。在进行这些处理之前，首先定义一个 XML 菜单文件，其定义代码如下：

```
<?xml version="1.0" encoding="utf-8"?>
<menu xmlns:android="http://schemas.android.com/apk/res/android">
    <item android:id="@+id/invert"
        android:title="@string/invert" />
    <item android:id="@+id/edge"
        android:title="@string/edge" />
    <item android:id="@+id/sobel"
        android:title="@string/sobel" />
```

```
    <item android:id="@+id/boxBlur"
        android:title="@string/boxBlur" />
</menu>
```

然后在 DisplayModeActivity 中重载下面的方法以完成菜单的加载，代码如下：

```
@Override
public boolean onCreateOptionsMenu(Menu menu) {
    getMenuInflater().inflate(R.menu.menu_camera, menu);
    return true;
}
```

重载 onOptionsItemSelected 方法，处理菜单选择事件响应，完成选择方法的修改与保存，代码如下：

```
@Override
public boolean onOptionsItemSelected(MenuItem item) {
    int id = item.getItemId();
    switch (id) {
            case R.id.invert:
                option = 1;
                break;
            case R.id.edge:
                option = 2;
                break;
            case R.id.sobel:
                option = 3;
                break;
            case R.id.boxBlur:
                option = 4;
                break;
            default:
                option = 0;
                break;
    }
    return super.onOptionsItemSelected(item);
}
```

最后根据选择 option 完成对预览帧的处理，代码如下：

```
private void process(Mat frame) {
    switch (option){
        case 1:
            Core.bitwise_not(frame, frame);
```

```
                break;
            case 2:
                Mat edges = new Mat();
                Imgproc.Canny(frame, edges, 100, 200, 3, false);
                Mat result = Mat.zeros(frame.size(), frame.type());
                frame.copyTo(result, edges);
                result.copyTo(frame);
                edges.release();
                result.release();
                break;
            case 3:
                Mat gradx = new Mat();
                Imgproc.Sobel(frame, gradx, CvType.CV_32F, 1, 0);
                Core.convertScaleAbs(gradx, gradx);
                gradx.copyTo(frame);
                gradx.release();
                break;
            case 4:
                Mat temp = new Mat();
                Imgproc.blur(frame, temp, new Size(15, 15));
                temp.copyTo(frame);
                temp.release();
                break;
            default:
                break;
        }
    }
```

对应于每个选项，在处理的时候都会显示当前的帧率，通过对比可以发现，当选择Sobel 的时候帧率下降最多，当选择取反的时候帧率下降最少，选择模糊预览的时候帧率下降次少，这也充分说明了针对预览帧的处理越复杂，帧率下降就越快，实时性能就越低。同时，在这里我们应该注意到通过 Java SDK 的方式去调用 JNI 接口进行这些操作时，本身就很耗时，要在每一帧的处理中尽量减少 JNI 的调用次数，力争做到每次处理一帧数据，只完成一次 JNI 调用，这样就会大大提高速度，避免帧率下降过快，出现实时性能很差的局面。

7.4 在预览帧中实现人脸检测

当我们使用手机进行拍照预览的时候，很多 Android 手机支持预览中的人脸检测，基于前面学习过的级联分类器人脸检测与 JavaCameraView 的相关知识，我们也可以借助 OpenCV 实现这样的功能。考虑到预览的时候帧率不能太低，这里决定通过 NDK 的方式来完成人脸检测的 C++ 代码，然后基于 JNI 实现其调用，完成相机预览与人脸检测功能。首先来说一下相关菜单选项添加、Java 中本地方法定义，以及 HAAR XML 数据初始化加载等的实现。

1. Java 部分代码实现

在 7.3 节的基础上，在菜单中添加一个选择，命令为“人脸检测”，相关菜单的定义 XML 代码如下：

```
<item android:id="@+id/faceDetection"
android:title="@string/faceDetection" />
```

然后在 onOptionsItemSelected 方法的最后部分完成相关事件的代码添加，代码如下：

```
case R.id.faceDetection:
    option = 5;
    break;
```

在 DisplayModeActivity 中添加如下两个本地方法，第一个用来初始化级联分类器，第二个方法则使用初始化好的级联分类器来完成人脸检测功能，并绘制得到矩形框。方法的定义代码如下：

```
public native void faceDetection(long frameAddress);
public native void initLoad(String haarFilePath);
```

其中，initLoad 方法用于初始化级联分类器对象，完成 XML 数据加载，在摄像头实时预览阶段使用 faceDetection 方法完成对每一帧图像的检测与处理。相关的调用代码添加在 process 方法中，选择在分支的最后面添加如下代码即可：

```
case 5:
    faceDetection(frame.getNativeObjAddr());
    break;
```

2. NDK 开发配置

通常，Android 开发应用程序都是基于 SDK 来完成的，但是当我们需要开发一些实时性能要求比较高、计算比较多的应用时，对于一些比较关键的代码，以及算法计算复杂度比较高的代码，就需要使用 NDK 开发方式，来完成代码的编写与编译了。这样做的好处是可以提高程序的运算速度，响应更快，当然危险也同样存在，你要小心处理 C++ 申请的每个内存，警惕因内存泄漏所导致的 APP 程序崩溃。基于 Android Studio 实现 NDK 与 OpenCV 相关 C++ 代码的编译时，配置十分简单，只需要如下几步即可完成。

1）首先让当前的项目支持 NDK 开发，这只需要在 Android Studio 中选择【 File 】→【 Project Structure 】，并点击打开对话框，选择预先安装好的 NDK 目录，然后点击【 OK 】按钮即可完成对 NDK 的支持，如图 7-3 所示。

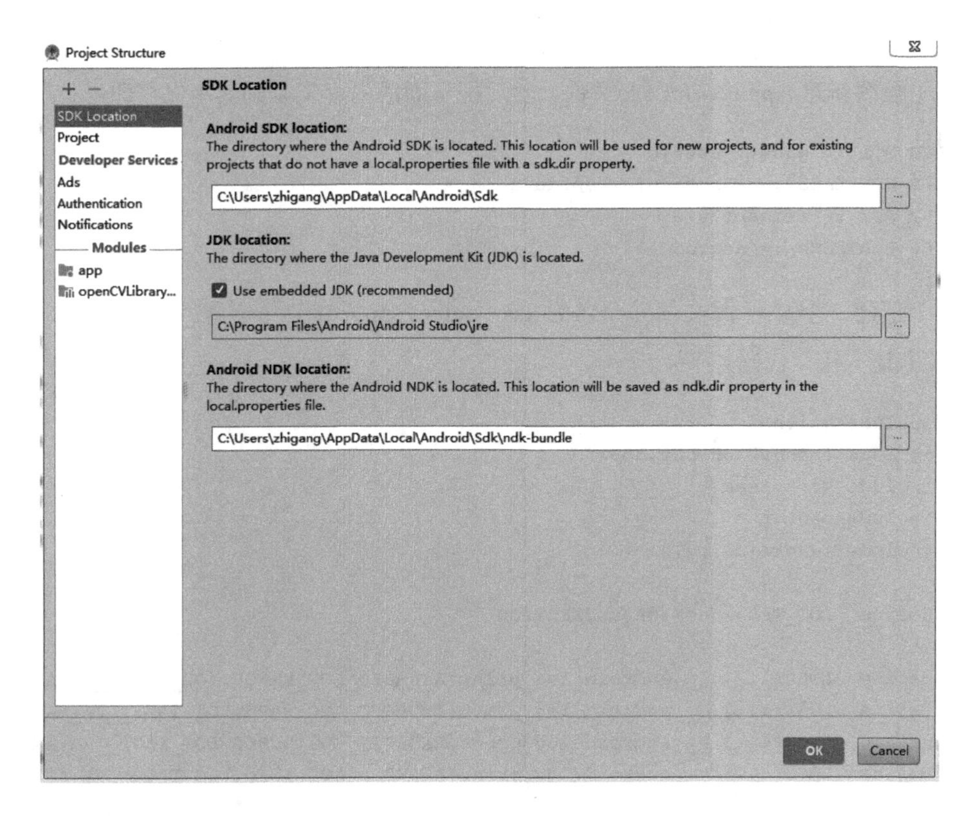

图　7-3

2）在 src 目录下面新建一个目录 jni，在其中新建 Android.mk，然后把下面的内容复制到其中并保存即可，代码如下：

```
LOCAL_PATH := $(call my-dir)
include $(CLEAR_VARS)
OPENCV_CAMERA_MODULES:=on
OPENCV_INSTALL_MODULES:=on
include <OPENCV_ANDROID_DIR>/sdk/native/jni/OpenCV.mk
LOCAL_MODULE := face_detection
LOCAL_SRC_FILES := haar_detect.cpp
LOCAL_LDLIBS += -llog -ldl
include $(BUILD_SHARED_LIBRARY)
```

把上述的 OPENCV_ANDROID_DIR 相关目录改为 OpenCV4Android SDK 所在的目录，这里需要注意的是模块名称与文件名称，有多个 cpp 文件的时候需要逐个地列出，模块名称就是编译之后得到的 so 文件名称。

3）继续新建 Application.mk 文件，然后把下面的内容复制到其中保存即可：

```
APP_STL := gnustl_static
APP_CPPFLAGS := -frtti -fexceptions
APP_ABI := armeabi-v7a
APP_PLATFORM := android-14
```

4）新建一个 C++ 源文件并命名为 haar_detect.cpp，在 C++ 代码中实现 Java 中定义的相关本地方法，代码如下：

```
#include<jni.h>
#include<opencv2/opencv.hpp>
#include <iostream>
#include<vector>
#include <android/log.h>

#define  LOG_TAG     "MYHAARDETECTION"

#define  LOGE(...)  __android_log_print(ANDROID_LOG_ERROR,LOG_TAG,__VA_ARGS__)
#define  LOGW(...)  __android_log_print(ANDROID_LOG_WARN,LOG_TAG,__VA_ARGS__)
#define  LOGD(...)  __android_log_print(ANDROID_LOG_DEBUG,LOG_TAG,__VA_ARGS__)
#define  LOGI(...)  __android_log_print(ANDROID_LOG_INFO,LOG_TAG,__VA_ARGS__)

using namespace cv;
using namespace std;

extern"C" {
```

```
        CascadeClassifier face_detector;
        JNIEXPORT void JNICALL Java_com_book_chapter_seven_DisplayModeActivity_
initLoad(JNIEnv* env, jobject, jstring haarfilePath)
        {
            const char *nativeString = env->GetStringUTFChars(haarfilePath, 0);
            face_detector.load(nativeString);
            env->ReleaseStringUTFChars(haarfilePath, nativeString);
            LOGD( "Method Description: %s", "loaded haar files..." );
        }
         JNIEXPORT void JNICALL Java_com_book_chapter_seven_DisplayModeActivity_
faceDetection(JNIEnv*, jobject, jlong addrRgba)
        {
            int flag = 1000;
            Mat& mRgb = *(Mat*)addrRgba;
            Mat gray;
            cvtColor(mRgb, gray, COLOR_BGR2GRAY);
            vector<Rect> faces;
            //LOGD( "This is a number from JNI: %d", flag*2);
            face_detector.detectMultiScale(gray, faces, 1.1, 1, 0, Size(50, 50),
Size(300, 300));
            //LOGD( "This is a number from JNI: %d", flag*3);
            if(faces.empty()) return;
            for (int i = 0; i < faces.size(); i++) {
                rectangle(mRgb, faces[i], Scalar(255, 0, 0), 2, 8, 0);
                LOGD( "Face Detection : %s", "Found Face");
            }

        }
    }
```

5）打开 cmd 命令行，将下面的命令输入到当前项目的 JNI 路径下面：

```
cd /d <project_directory>/app/src/main/jni
```

运行命令 <NDK_DIR>/build-ndk，图 7-4 所示的为作者机器上执行的结果截图。

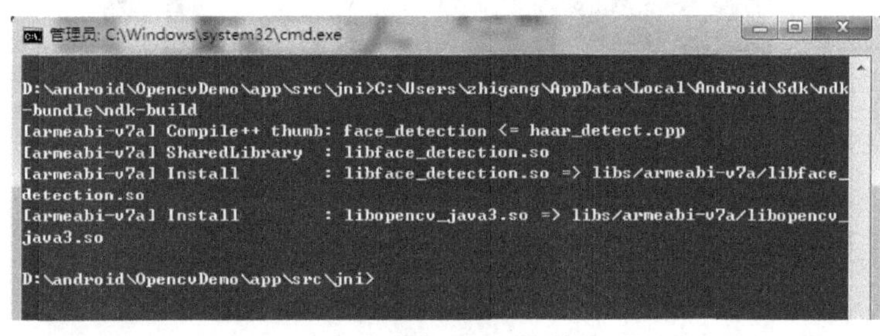

图 7-4

这样就说明了 NDK 配置与编译没有问题。把得到的结果从 jni 目录同层的 libs 中复制到外层 app 的 libs 中，然后在 DisplayModeActivity 的 onCreate 方法中执行下面的方法，完成库的加载与初始化方法的调用之后，就可以在实时预览阶段对每帧图像使用人脸检测功能，初始化代码如下：

```
    private void initFaceDetector() throws IOException {
        System.loadLibrary("face_detection");
        InputStream input = getResources().openRawResource(R.raw.lbpcascade_
frontalface);
        File cascadeDir = this.getDir("cascade", Context.MODE_PRIVATE);
        File file = new File(cascadeDir.getAbsoluteFile(), "lbpcascade_
frontalface.xml");
        FileOutputStream output = new FileOutputStream(file);
        byte[] buff = new byte[1024];
        int len = 0;
        while((len = input.read(buff)) != -1) {
                output.write(buff, 0, len);
        }
        input.close();
        output.close();
        initLoad(file.getAbsolutePath());
        //faceDetector = new CascadeClassifier(file.getAbsolutePath());
        file.delete();
        cascadeDir.delete();
    }
```

最终的运行结果如图 7-5 所示。

图　7-5

同样，本节完整的代码演示请参考 DisplayModeActivity.java。

7.5　小结

本节主要介绍了 OpenCV4Android 中摄像头的相关知识，重点介绍了 JavaCameraView 对象如何使用 Android 手机中的摄像头完成拍照预览、自定义摄像中如何得到相机对象以完成拍照的功能、摄像头预览状态下显示模式的切换、不同显示模式下如何通过编程方式让预览可以一直正确显示图像帧，以及如何进行图像帧数据处理，并给出了实时帧率下降问题的原因与常用的解决办法，本章 7.4 节还通过一个 OpenCV4Android NDK 的例子演示了如何在 Android 系统中使用 OpenCV 完成 NDK 层的应用开发配置与编译、运行实现，帮助读者进一步加深对 OpenCV 的理解。

本章中涉及了一些 JNI 与 NDK 编程方面的知识，其中 OpenCV C++ API 的使用已经超出了本书的讨论范围，这些知识对 Android 开发者与 OpenCV4Android 开发者来说却是十分重要的，希望读者能够在学习本章知识的同时，查阅相关文档，学习 JNI 与 NDK 编程相关的基础知识，这有利于更好地学习、理解与掌握本章的知识点。源代码也是本书的一部分，希望读者尝试运行、修改与使用源代码以达到熟练掌握的目的。

第二部分

OpenCV4Android 应用实战

通过前面七个章节的学习，我们对 OpenCV4Android 常见 API 函数与相关知识点已经有了一定程度的了解。前面学习了 OpenCV 图像处理模块、特征检测与对象检测模块的大部分原理知识与相关编程实践，后续三章是本书的第二部分，将通过三个实用的案例来介绍所用到的 OpenCV 的各个知识点与相关 API 函数，分析它们的处理流程、步骤设计和代码实现。通过这三个案例学习，帮助大家进一步深入理解与学习使用 OpenCV 框架解决项目中图像处理相关问题的技巧，提高分析问题与解决问题的能力，成为真正的 OpenCV 开发者。

CHAPTER 8

第 8 章

OCR 识别

本章我们将针对 Android 手机客户端常见的应用需求场景——文字或者数字识别进行讲解，这类应用需求很常见，虽然对部分应用开发者来说处理起来有一定的技术难度，但这其实是 OpenCV 计算机视觉最擅长解决的，我们只要借助 OpenCV 这个有力的工具再结合前面几章所学的知识，大多数时候都可以解决类似问题，达成应用开发的目标，满足客户的需求。

“工欲善其事，必先利其器。”学习本章内容之前假设你对 OpenCV 与 OCR 相关的基础知识都有了一定的了解。我们将基于这样的基础来展开本章的内容，首先介绍什么是 OCR、它的发展历史和现状，以及开源的 OCR 识别引擎、OpenCV 模块对 OCR 识别的支持等内容，通过这些简单的介绍让大家建立概念，然后介绍开源的 OCR 识别引擎 Tesseract 在 Android 平台上的使用，以及如何使用 OpenCV 与 Tesseract 一起在 Android 平台上实现身份证号码的识别。最后还会介绍一个专门用于 Tesseract 数据训练的工具，指导读者使用该工具矫正训练数据。

8.1 什么是 OCR

OCR 是（Optical Character Recognition）光学字符识别的缩写，是通过扫描等光学输入方式将各种纸质的书籍、资料、文件及其他印刷品的文字转化为图像信息，再利用文字识别技术将图像信息转化为可以使用的数据信息（计算机可以识别的字符串、数字等）。简单点说就是从图像中识别出文本与数字，转换为可以使用的数据信息，是一种以图像处理、机器学习 / 深度学习为基础的在图像中提取文本的技术。

1. OCR 发展历史

MICROTEK 公司于 1984 年在美国拉斯维加斯推出了世界上第一台桌上型光学黑白影像扫描仪，可以将纸质文档变为黑白图像。但是在它之前，OCR 识别技术已经取得了长足的发展，世界上第一个 OCR 识别产品 IBM1287 是由 IBM 开发的，当时这款产品只能识别印刷体的数字、英文字母及部分符号，而且必须是指定的字体。20 世纪 60 年代末，日本的日立与富士公司也分别研发了属于他们自己的 OCR 产品。

中国在 OCR 技术方面的研究工作起步相对较晚，在 20 世纪 70 年代才开始对数字、英文字母及符号的识别技术进行研究，20 世纪 70 年代末才开始进行汉字识别的研究。1986 年，国家 863 计划信息领域课题组织清华大学、北京信息工程学院、沈阳自动化所三家单位联合进行了中文 OCR 软件的开发工作。至 1989 年，清华大学率先推出了国内第一套中文 OCR 软件——清华文通 TH-OCR1.0 版，至此中文 OCR 正式从实验室走向了市场。清华大学在 OCR 印刷体汉字识别软件上又推出了 TH-OCR 92 高性能实用简 / 繁体、多字体、多功能印刷汉字识别系统，使印刷体汉字识别技术又取得了重大的进展。到 1994 年清华大学推出的 TH-OCR 94 高性能汉英混排印刷文本识别系统，则被专家鉴定为“是国内外首次推出的汉英混排印刷文本识别系统，总体上居国际领先水平”。20 世纪 90 年代中后期，清华大学电子工程系提出并进行了汉字识别综合研究，使汉字识别技术在印刷体文本、联机手写汉字识别、脱机手写汉字识别和脱机手写数字符号识别等领域全面取得了重要成果。具有代表性的成果是 TH-OCR 97 综合集成汉字识别系统，它可以完成多文种（汉、英、日）印刷文本、联机手写汉字、脱机手写汉字和手写数字的识别输入。近几年来，除清华文通 TH-OCR 之外，其他如尚书 SH-OCR 等各具风格的 OCR 软件也相继问世，中文 OCR 市场稳步扩大，用户遍布世界各地。

可以说目前印刷体 OCR 的识别技术已经达到了较高的水平。OCR 产品已由早期的只能识别指定的印刷体数字、英文字母和部分符号，发展成为可以自动进行版面分析、表格识别，实现混合文字、多字体、多字号、横竖混排识别的强大的计算机信息快速录入工具。对印刷体汉字的识别率达到了 98% 以上，即使对印刷质量较差的文字，其识别率也达到了 95% 以上。可识别宋体、黑体、楷体、仿宋体等多种字体的简、繁体，并且可以对多种字体、不同字号混合排版进行识别，对手写体汉字的识别率达到了 70% 以上。特别是我国的汉字 OCR 技术，经过十几年的努力，克服了起步晚、汉字字符集异常庞大等困难，单字的识别速度（指在单位时间内所完成的从特征提取到识别结果输出的字数）可以达到 70 字 / 秒以上。由于印刷体 OCR 汉字识别技术已经比较成熟，所以 OCR 产品被广泛地应用在新闻、印刷、出版、图书馆、办公自动化等各个行业。

专业型 OCR 产品多是面向特定的行业，即适用于每天需处理大量表格信息录入的部门，如邮政、税务、海关、统计、物流、考试阅卷、招生，等等。这种面向特定行业的专业型 OCR 系统，格式较为固定，识别的字符集相对较小，经常与专用的输入设备结合使用，因此具有速度快、效率高等特点，比如邮件自动分拣系统等。

手写文稿的识别直到 1997 年前后才开始有产品问世，而且是作为印刷文稿识别产品的一项附加功能提供的。由于人写字的习惯千差万别，实现自由手写体的识别功能相当困难，而且进行手写体识别的时候多数需要后期的人工核对。所以手写体 OCR 技术的使用领域是联机手写体识别，即人一边写，计算机一边识别，是一种实时识别方式，国内的清华同方、紫光、汉王在这个方面都有配套的软硬件解决方案与产品。

2. OCR 的发展现状

随着新技术的不断进步，相比传统的 OCR 识别技术，如今依赖大数据样本收集，深度学习使 OCR 识别的准确性与识别率都得到了极大提高。识别的种类也更加丰富，包括了各类票据、银行卡、身份证、车牌号、单号、登录验证码，等等。同时还涌现了一大批的新型公司，它们提供 OCR 识别 SaaS 服务平台，通过与其他应用系统相对接，在各种应用系统中嵌入 OCR 识别功能，提高了用户输入的效率，方便了用户的使用。在如今的全媒体时代，OCR 识别技术还需要针对各种电子文档做信息提取比如 PDF、HTML 网页信息、电子邮件信息、IM 即时信息、各种不同分辨率的照片，等等，其面临着多任务、多样化数据与复杂度上升等各种因素，开发一个符合需求、识别准确率较高的 OCR 产品对大多数公司来说是一项挑战。一个常见的 OCR 应用应该包括数据输入，预处理与文档结构分析，文本信息识别提取、存储与挖掘，导出各种数据文档等功能，如图 8-1 所示。

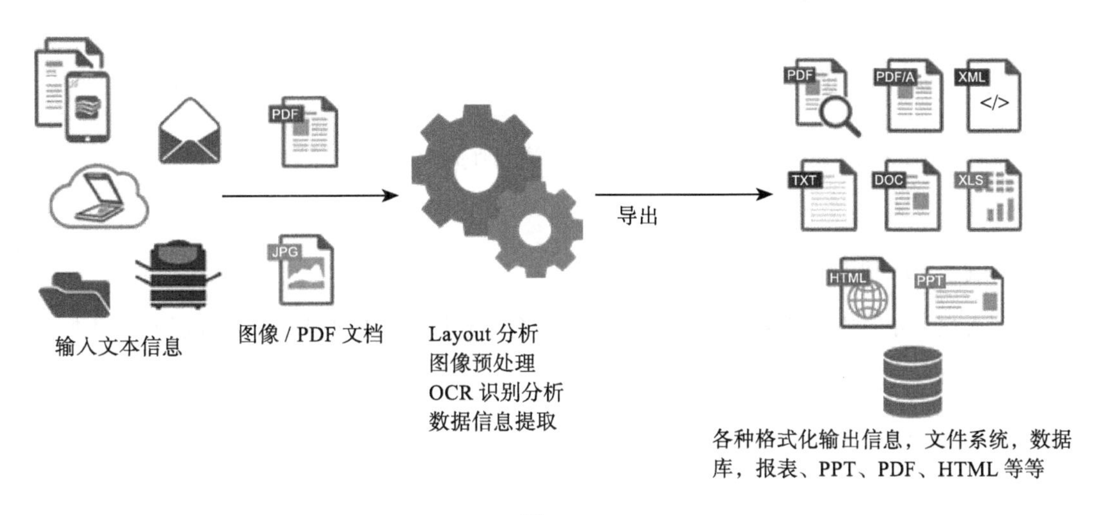

图 8-1

其中，最关键的核心部分是中间的锯齿部分，下面结合前面所学的知识与本章内容来看看如何做到 OCR 识别。

8.2 开源 OCR 框架 Tesseract

Tesseract 是一个兼容各种操作系统平台的开源 OCR 识别引擎，其开源协议遵守 Apache License 2.0 版本，当前的最新版本是 3.x。Tesseract 的历史很长，最早可以追溯到 1985 年，最初是基于 C 语言编写的，从 1998 年开始将近 10 年的时间里其基本上是停止了开发维护。2005 年，Tesseract 的作者宣布将其开源，2006 年 Google 发起了 Tesseract 开源项目继续支持它的发展，从那个时候开始近十年来，Tesseract 得到了极大的发展，版本不段迭代更新，当前的最新版本是 3.4。如今 Tesseract 支持一百多种语言文字的识别，其最新训练数据已经是基于神经网络学习 LSTM 模型完成的，识别的准确率和速度都得到了不同程度的提高，支持与 OpenCV、Python 等语言框架的集成。同时也支持 Android 平台上的引入与使用，极大地方便了移动端 Android 开发者开发应用程序。当前 Tesseract 开源在 GIHUB 上的源码维护地址为：

https://github.com/tesseract-ocr // 源码

https://github.com/rmtheis/tess-two // 安卓版本支持

https://github.com/tesseract-ocr/tessdata // 各种语言版本的预训练模型

1. 在 Android 项目中集成 Tesseract

在 Android 中集成使用 Tesseract，只需要在 app 模块对应的 build.gradle 文件中添加依赖支持即可。低版本 Android Studio 中添加依赖支持的代码如下：

```
dependencies {
    compile 'com.rmtheis:tess-two:8.0.0' //
}
```

高版本 Android Studio 3.x 中添加依赖支持的代码如下：

```
dependencies {
    implementation 'com.rmtheis:tess-two:8.0.0' //
}
```

2. 使用 Tesseract 实现文档识别

这里从 github.com 上截取了一张包含文字的图像 sample_text.png，下载之后在项目的 res/drawable 文件夹中即可发现。使用 Tesseract 实现简单的文本识别步骤如下。

1）选择图像，关于如何完成图像的选择与拍照，在本书的第 1 章中已有详细的解释与代码实现，这里不再赘述。

2）初始化 Tesseract 接口，加载预训练好的相关语言数据集。需要在 OcrDemoActivity 的 onCreate 方法的最后添加如下代码：

```
try {
```

```
        initTessBaseAPI();
    } catch (IOException ioe) {
        ioe.printStackTrace();
    }
```

initTessBaseAPI() 方法对应的实现代码如下：

```
    private void initTessBaseAPI() throws IOException {
        baseApi = new TessBaseAPI();
        String datapath = Environment.getExternalStorageDirectory() + "/
tesseract/";
        File dir = new File(datapath + "tessdata/");
        if (!dir.exists()) {
            dir.mkdirs();
            InputStream input = getResources().openRawResource(R.raw.eng);
            File file = new File(dir, "eng.traineddata");
            FileOutputStream output = new FileOutputStream(file);
            byte[] buff = new byte[1024];
            int len = 0;
            while((len = input.read(buff)) != -1) {
                output.write(buff, 0, len);
            }
            input.close();
            output.close();
        }
        boolean success = baseApi.init(datapath, DEFAULT_LANGUAGE);
        if(success){
            Log.i(TAG, "load Tesseract OCR Engine successfully...");
        } else {
            Log.i(TAG, "WARNING:could not initialize Tesseract data...");
        }
    }
```

执行上述程序之前，需要读者自己下载 eng.traineddata 训练数据到 res/raw 文件夹中，这里是声明加载英文训练数据。

3）完成识别，输出识别结果并显示，代码如下：

```
    private void recognizeTextImage() {
        if(fileUri == null) return;
        Bitmap bmp = BitmapFactory.decodeFile(fileUri.getPath());
        baseApi.setImage(bmp);
        String recognizedText = baseApi.getUTF8Text();
```

```
        TextView txtView = findViewById(R.id.text_result_id);
        if(!recognizedText.isEmpty()) {
            txtView.append(" 识别结果 :\n"+recognizedText);
        }
    }
```

最终运行，左侧选择 sample_text.png 之后点击【识别按钮】，结果如图 8-2b 所示。

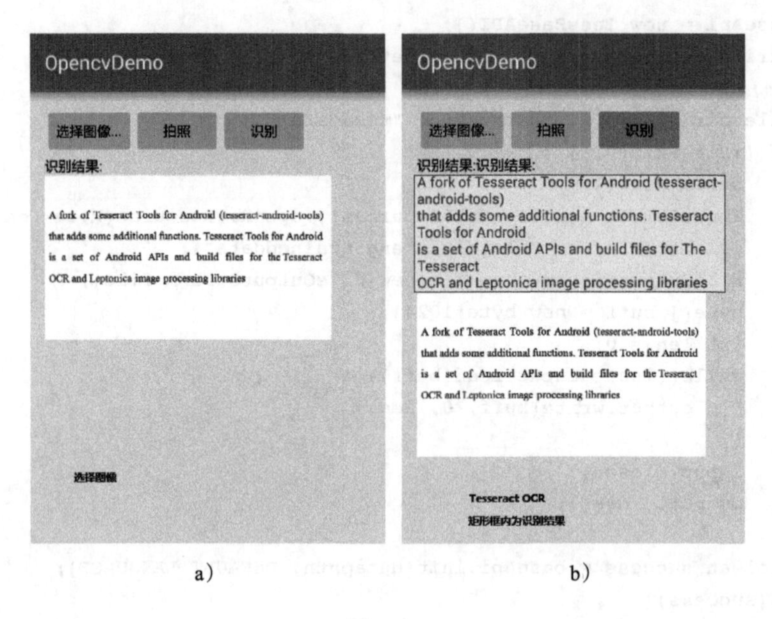

a)　　　　　　　　b)

图 8-2

这样，我们就完成了一个基于 Tesseract 图像内容识别的 OCR 应用演示程序。

8.3 识别身份证号码

本节将使用 OpenCV 实现对身份证图像进行预处理，寻找身份证号码位置，截取其 ROI 位置，然后使用 Tesseract 对身份证号码进行识别并显示结果。因为身份证是个人敏感信息，所以为了编程需要，我们首先通过其他图像处理软件，制作了一张实体模型身份证照片，它所在的路径为 res/drawable/mockid.png，同时该路径下面还有一个身份证号码文字模板图像，为 res/drawable/card_template.png，用此作为模板，实现对身份证号码区域的查找与定位匹配。完成上述准备之后就可以开始 UI 部分的编程了。

8.3.1　UI 部分实现

首先创建一个空白的 OcrDemoActivity，我们需要一个界面，其组件元素及其功能分别如下。

- Button 图像选择按钮：监听身份证图像的选择事件响应。
- Button OCR 识别按钮：监听身份证图像中号码识别事件响应。
- TextView OCR 识别显示文本标签：显示 OCR 识别结果。
- ImageView 图像显示：显示选中的身份证图像，发现并定位身份证号码 ROI 区域的图像。

使用 RelativeLayout 布局方式，上述几个组件的布局定义 XML 描述代码如下：

```
<Button
    android:layout_width="wrap_content"
    android:layout_height="wrap_content"
    android:text="选择图像..."
    android:layout_alignParentLeft="true"
    android:layout_alignParentTop="true"
    android:id="@+id/select_image_btn"/>
<Button
    android:layout_width="wrap_content"
    android:layout_height="wrap_content"
    android:text="识别"
    android:layout_toRightOf="@id/select_image_btn"
    android:layout_alignParentTop="true"
    android:id="@+id/ocr_recognize_btn"/>
<TextView
    android:layout_width="match_parent"
    android:layout_height="wrap_content"
    android:layout_alignParentLeft="true"
    android:layout_below="@id/ocr_recognize_btn"
    android:text="识别结果:"
    android:id="@+id/text_result_id"/>
<ImageView
    android:layout_width="wrap_content"
```

```
        android:layout_height="wrap_content"
        android:scaleType="fitCenter"
        android:layout_below="@id/text_result_id"
        android:src="@drawable/lena"
        android:id="@+id/chapter8_imageView"/>
```

把它们复制到 Activity 对应的 layout 文件中保存即可。让 Activity 实现 OnClick-Listener 接口，在 onCreate 中添加如下代码以实现对按钮事件的监听：

```
Button selectBtn = (Button)this.findViewById(R.id.select_image_btn);
Button ocrRecogBtn = (Button)this.findViewById(R.id.ocr_recognize_btn);
selectBtn.setOnClickListener(this);
ocrRecogBtn.setOnClickListener(this);
```

关于相应图像选择事件的代码实现，本书的第 1 章中已有详细叙述，这里不再赘述。

8.3.2　号码区域查找

这里使用模板匹配的方法实现对身份证图像、身份证号码区域的查找，在使用模板匹配进行查找之前，首先要通过 Canny 边缘与轮廓提取的方法，找到身份证在图像中的主要区域，然后对这些区域实现模板匹配，这样可以大大提高程序的执行效率与速度。完整的算法实现流程如图 8-3 所示。

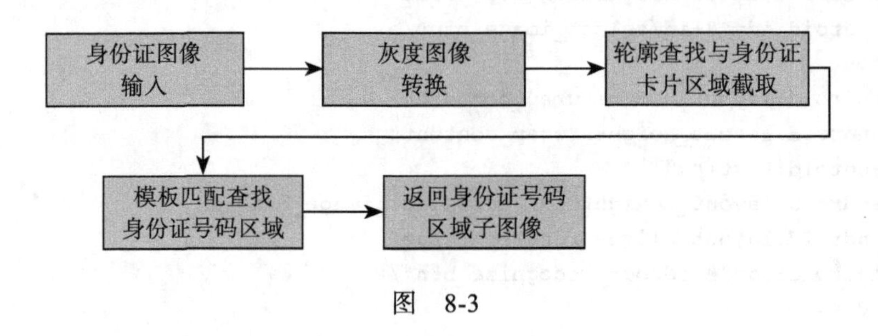

图　8-3

上述整个处理流程被封装成一个单独的类文件 CardNumberROIFinder.java。这样做的好处是方便实现算法代码与应用代码的分离，在接口不变的情况下，相关的代码修改不会影响到应用程序的编程实现。上述完整的代码实现在此类的 extractNumberROI 方法中，调用的时候需要传入两个参数，分别是身份证图像与模板图像，返回即可得到身份证号码子区域图像，该方法的代码实现如下：

```
    Mat src = new Mat();
    Mat tpl = new Mat();
    Mat dst = new Mat();
    Mat fixSrc = new Mat();
    Utils.bitmapToMat(input, src);

    Utils.bitmapToMat(template, tpl);
    Imgproc.cvtColor(src, dst, Imgproc.COLOR_BGRA2GRAY);
    Imgproc.Canny(dst, dst, 200, 400, 3, false);
    List<MatOfPoint> contours = new ArrayList<MatOfPoint>();
    Mat hierachy = new Mat();
    Imgproc.findContours(dst, contours, hierachy, Imgproc.RETR_TREE, Imgproc.
CHAIN_APPROX_SIMPLE);
    Imgproc.cvtColor(dst, dst, Imgproc.COLOR_GRAY2BGR);
    int width = input.getWidth();
    int height = input.getHeight();
    Rect roiArea = null;
    for(int i=0; i<contours.size(); i++) {
        List<Point> points = contours.get(i).toList();
        Rect rect = Imgproc.boundingRect(contours.get(i));
        if(rect.width < width && rect.width > (width / 2)) {
            if(rect.height <= (height / 4)) continue;
            roiArea = rect;
        }
    }
    // clip ROI Area
    Mat result = src.submat(roiArea);

    // fix size, in order to match template
    Size fixSize = new Size(547, 342);
    Imgproc.resize(result, fixSrc, fixSize);
    result = fixSrc;

    // detect location
    int result_cols =  result.cols() - tpl.cols() + 1;
    int result_rows = result.rows() - tpl.rows() + 1;
    Mat mr = new Mat(result_rows, result_cols, CvType.CV_32FC1);

    // template match
    Imgproc.matchTemplate(result, tpl, mr, Imgproc.TM_CCORR_NORMED);
    Core.normalize(mr, mr, 0, 1, Core.NORM_MINMAX, -1);
    Core.MinMaxLocResult minMaxLocResult = Core.minMaxLoc(mr);
    Point maxLoc = minMaxLocResult.maxLoc;
    Bitmap.Config conf = Bitmap.Config.ARGB_8888; // see other conf types
```

```
    // find id number ROI
    Rect idNumberROI = new Rect((int)(maxLoc.x+tpl.cols()), (int)maxLoc.y, (int)
(result.cols() - (maxLoc.x+tpl.cols())-40), tpl.rows()-10);
    Mat idNumberArea = result.submat(idNumberROI);

    // 返回对象
    Bitmap bmp = Bitmap.createBitmap(idNumberArea.cols(), idNumberArea.rows(),
conf);
    Utils.matToBitmap(idNumberArea, bmp);

    // 释放内存
    idNumberArea.release();
    idNumberArea.release();
    result.release();
    fixSrc.release();
    src.release();
    dst.release();
    return bmp;
```

这里首先转换为灰度图像，然后通过 Canny 方法寻找边缘，再根据边缘查找轮廓，获取最大轮廓之后再使用模板匹配方法寻找子区域图像。最后千万别忘记释放内存临时对象，最终返回得到子区域图像即可。整个图像处理过程中用到的方法都是前面几章学习过的知识点与函数应用。

8.3.3　号码识别

要对得到身份证号码区域的子图像进行数字识别，可选择 Tesseract 与英文预训练数据，这也是在 8.2 节中使用的预训练模型数据。当我们使用 eng 训练数据进行身份证号码识别的时候就会发现识别的准确率不高，识别效率也很低下，总结起来就是三个字"不靠谱"。分析造成这些问题的主要原因，有如下两点。

- eng 训练数据数字字体与身份号码字体不一致，导致失败
- eng 训练数据很大，导致识别性能低下。

第一个问题可以通过收集多个身份证号码，整理生成训练数据 nums.traineddata 来解决，关于如何使用 Tesseract 生成训练数据文件，将在 8.4 节中详细讲述。第二个问题

其实与第一个问题是相关的，当我们使用相同的身份证号码字体训练 0 ～ 9 这几个数字，生成专门的模型数据之后，其大小要远小于完整的 eng 训练数据。加载它与使用它进行识别的时候在速度与准确率上均会有很大的提高。对于作者来说，收集大量号码数据有一定的困难，所以这里建议大家通过程序生成样本数据图像，然后再通过 Tesseract 工具得到生成的 nums.traineddata 训练数据。有了训练数据之后，我们同样需要把它放置到 res\raw 目录下面。然后再通过下面的代码加载与初始化 Tesseract 对象，代码实现如下：

```
    private void initTessBaseAPI() throws IOException {
        baseApi = new TessBaseAPI();
        String datapath = Environment.getExternalStorageDirectory() + "/
tesseract/";
        File dir = new File(datapath + "tessdata/");
        if (!dir.exists()) {
            dir.mkdirs();
            InputStream input = getResources().openRawResource(R.raw.nums);
            File file = new File(dir, "nums.traineddata");
            FileOutputStream output = new FileOutputStream(file);
            byte[] buff = new byte[1024];
            int len = 0;
            while((len = input.read(buff)) != -1) {
                output.write(buff, 0, len);
            }
            input.close();
            output.close();
        }
        boolean success = baseApi.init(datapath, DEFAULT_LANGUAGE);
        if(success){
            Log.i(TAG, "load Tesseract OCR Engine successfully...");
        } else {
            Log.i(TAG, "WARNING:could not initialize Tesseract data...");
        }
```

在上述代码中需要注意的是，变量 DEFAULT_LANGUAGE = "nums"，它会生成一个符合自定义规范的 nums 训练数据。

在【识别】按钮的事件响应中，首先会读取选择的图像与模板图像，然后调用算法类实现对身份证子区域的查找与返回，再调用 Tesseract 相关 API 对子区域图像进行识别，得到结果后显示到指定的 TextView 即可实现身份证识别结果显示。相关方法与代码如下：

```
    private void recognizeCardId() {
        Bitmap template = BitmapFactory.decodeResource(this.getResources(), 
R.drawable.card_template);
        Bitmap cardImage = BitmapFactory.decodeFile(fileUri.getPath());
         Bitmap temp = CardNumberROIFinder.extractNumberROI(cardImage.copy(Bitmap.
Config.ARGB_8888, true), template);
        baseApi.setImage(temp);
        String myIdNumber = baseApi.getUTF8Text();
        TextView txtView = findViewById(R.id.text_result_id);
        txtView.setText("身份证号码为：" + myIdNumber);
        ImageView imageView = findViewById(R.id.chapter8_imageView);
        imageView.setImageBitmap(temp);
    }
```

最终运行效果如图 8-4 所示（图 8-4a 是选择的身份照片，图 8-4b 是身份号码子图像与识别结果）。

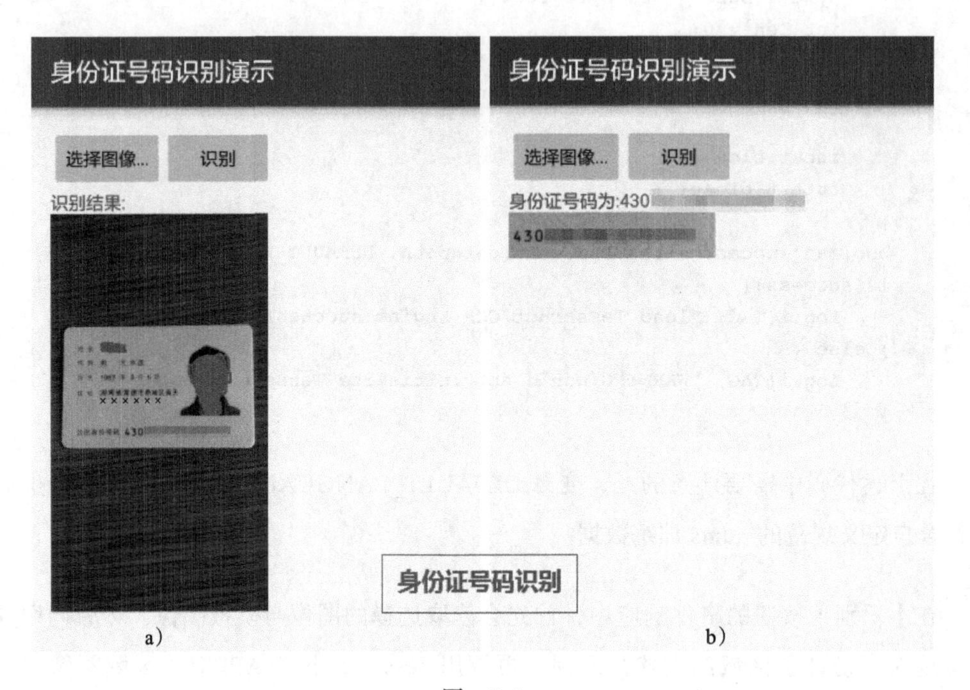

a）
b）

图 8-4

类文件功能说明

- OcrDemoActivity 类：主要实现 UI 用户事件响应，UI 加载显示，调用相关代码完成整个识别过程。
- CardNumberROIFinder 类：主要是对输入的身份证图像识别区域进行查找与定位，发现子图像区域。

完整的代码实现参考上述两个文件即可，此外为了正确运行与使用本节的代码，需要下载好相关数据，eng 数据可以从 8.2 节中提到的地址上下载，nums.traineddata 可以从本书源代码中发现，或者从 https://github.com/gloomyfish1998/opencv4android 上下载。

8.4　提高 OCR 识别率

本节内容所针对的应用场景主要是基于 OpenCV+Tesseract 进行数字识别。识别率是所有 OCR 类应用开发者最关注的核心问题之一，因为有时候它直接关系到整个项目的成功与否，作为 Android 开发者，应该学会一些常见的手段与方法去提高 OCR 识别率，当然，每种识别方法与解决方案都有其自身的局限性，待识别率达到其极限识别率之后，哪怕提高 0.01 都是需要付出极高的开发成本。但是大多数时候，往往是我们的解决方案识别率很低，根本不具备可用性，这时候就需要考虑如何才能提高识别率了，最常见的两个主要手段分别如下。

- 通过大量收集样本数据，有针对性地进行数据训练生成模型数据。
- 通过预处理，排除各种干扰因素，使待识别的图像满足理论设置的各种条件。

这两种方法在本质上没有优劣之分，主要是看哪种更容易实现，哪种效果更明显，然后决定应该优先选择使用哪种手段，当然也可以同时使用以提升识别率。下面就逐一介绍这两种方法。

8.4.1　使用 Tesseract 命令行生成训练数据

对于特征识别的文本或者字符集与字体，通过收集样本数据，使用 Tesseract 命令行工具完成训练与数据校正之后，就可以生成训练数据了。在开始介绍如何生成训练数据之前，首先需要下载并安装Tesseract与数据校正工具jTessBoxEditorFX，并且要预先在机器上安装好JDK/JRE。

1. 下载与安装

Tesseract支持Windows、Mac OS、Linux系统的安装与运行，Windows安装文件的下载地址如下：

http://digi.bib.uni-mannheim.de/tesseract/tesseract-ocr-setup-4.00.00dev.exe

下载完成之后，使用默认安装，即可完成Tesseract命令行工具的安装。对于jTessBoxEditorFX，从下面的链接中选择jTessBoxEditorFX即可下载：

https://sourceforge.net/projects/vietocr/files/jTessBoxEditor/

下载之后选择将jTessBoxEditorFX解压缩到指定盘符即可。完成上述两个工具的下载与安装之后就可以执行下面的目录，若能正确执行，说明我们的安装是没有问题的。

首先创建一个Windows绘图，使用文本工具在里面输入几个数字或者一个单词，图像另存为test.png。把它复制到安装好Tesseract的同一层级目录下，然后打开cmd命令行窗口，切换到Tesseract.exe所在目录，执行如下命令：

```
tesseract test.png result.txt -l eng
```

然后查看result.txt中的内容，就会发现它与test.png的内容一致。如此即表明Tesseract已经成功安装。

2. 训练数据生成

待需要使用的工具成功安装之后，就需要准备训练文本数据了。准备的数据要与你项目实际使用的文本大小、字体、风格保持一致，使用它完成BOX的生成与校正，执行相关命令行即可生成最终的训练数据。完整的实现步骤具体如下。

（1）数据准备

对需要识别的各种字体文字，按照不同的分辨率进行收集，每种分辨率下每个字符重复收集 20 个左右的样本数据，这样就可以得到完整的数据集，对于数据集，可以通过 jTessBoxEditorFX 中的 Tools 选项的合并命令行，把多个样本图像文件合并为一个 tif 格式的图像文件。关于图像名称格式，Tesseract 中样本图像的格式必须满足如下形式：

```
[lang].[fontname].exp[num].tif // 图像格式还支持 PNG、JPG 等
```

8.3 节中自定义的训练数据为例，将它们定义为 nums.font.exp0.tif。

（2）制作盒子文件

有了数据文件之后，就可以制作用于校正与生成训练数据的盒子文件了，其运行执行命令行如下：

```
tesseract.exe nums.font.exp0.tif nums.font.exp0 batch.nochop makebox
```

执行上述命令之后，就会在同层目录下发现 nums.font.exp0.box 文件。选择【jTessBoxEditorFX.jar】→【jTessBoxEditorFX】→【Box Editor】→【Open】，打开 Tesseract 目录下的 nums.font.exp0.tif 文件，显示如图 8-5 所示。

选择左侧列表的任意一行会看到右侧面板中有一个 BOX 方格与之对应，响应的正确数字应该显示在选择行的第二列，如果发现不匹配，则双击改动该列之后按回车键。全部修改之后点击【保存】按钮就完成了对盒子文件的制作与校正。

（3）生成训练数据

创建一个名为 font_properties 的文件，在其中输入如下一行内容：

```
font 0 0 0 0 0
```

上述代码为字体信息设置。然后再创建一个空文件 trainrun.bat 文件，把下面的内容复制到里面去：

```
echo Run Tesseract for Training..
tesseract.exe nums.font.exp0.tif nums.font.exp0 nobatch box.train
echo Compute the Character Set..
```

```
unicharset_extractor.exe nums.font.exp0.box
mftraining -F font_properties -U unicharset -O nums.unicharset nums.font.exp0.
tr
echo Clustering..
cntraining.exe nums.font.exp0.tr
echo Rename Files..
rename normproto nums.normproto
rename inttemp nums.inttemp
rename pffmtable nums.pffmtable
rename shapetable nums.shapetable
echo Create Tessdata..
combine_tessdata.exe nums.
```

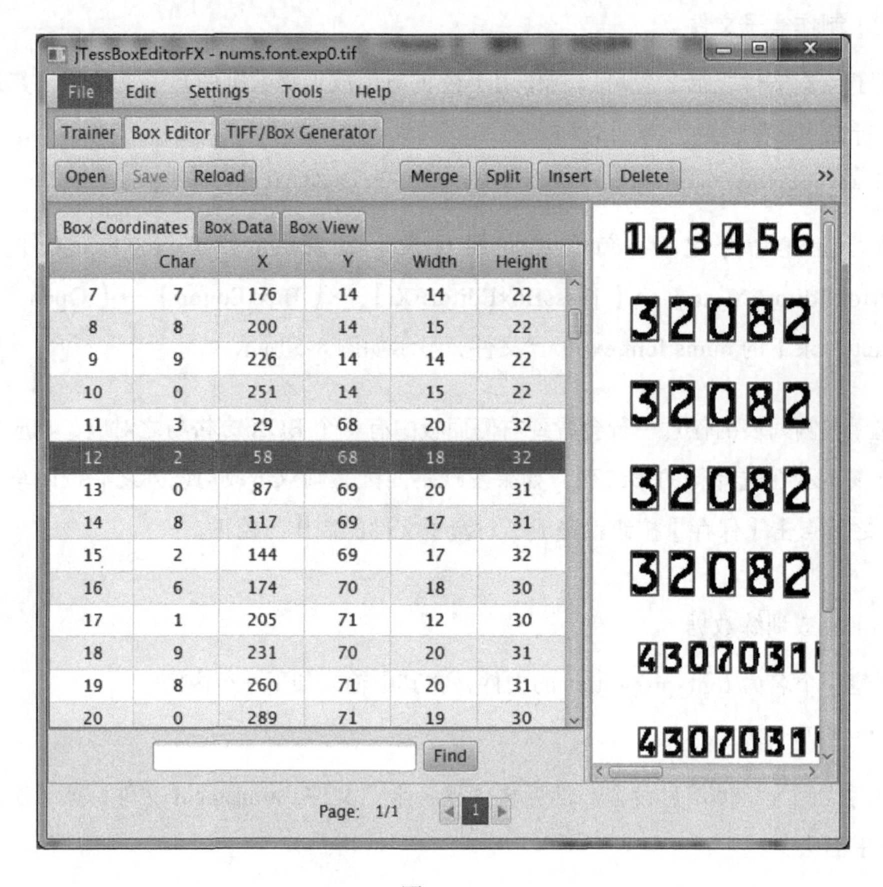

图　8-5

这是一段 Windows 脚本文件，本质就是执行各种 Tesseract 相关的命令行，保存之后执行如下命令行：

```
call trainrun
```

当这些命令全部执行完成之后，即可得到 nums.traineddata 训练数据文件。然后就可以在项目中使用它了，对比 eng 与 nums 这两个训练数据在 8.3 节中的应用，你会发现，很明显，后者对身份证号码的识别更加准确。

8.4.2　图像预处理

执行 OCR 识别之前，在 Tesseract 内部会执行很多图像处理的操作，这些都是通过内部集成的第三方图像处理库 Leptonica 来完成的，但是它也不是万能的，有些特殊情况下，这些操作会导致识别率下降。当这些情况发生的时候，需要检查输入图像的质量，并从以下几个方面对输入图像进行处理。

（1）图像大小

Tesseract 支持图像的最佳尺寸大小为 300dpi，过大或者过小都会导致识别率下降，所以通过 OpenCV 的 resize 方法可以很方便地实现。

（2）二值化图像

图像二值化输入也可以帮助我们提供 Tesseract 的识别率，前面讲过的图像全局二值化方法 OTSU 与 Triangle 都可以使用，此外还可以使用高斯 C-Means 与均值 C-Mean 两种自适应阈值方法来实现图像二值化，以提升识别率。

（3）噪声去除

考虑到噪声对识别的影响，可以用前面章节中学到过的高斯模糊、均值模糊、中值模糊或者边缘保留模糊等方法实现噪声去除。此外在二值化之后，还可以考虑形态学的开闭操作来去除一些小的噪声点，经过这些处理之后，图像噪声的影响将会大大降低，更有利于 Tesseract OCR 识别率的提升。

（4）偏斜纠正

很多时候，文本扫描图像后，文字整体都会有一定的偏斜，这个时候就需要在预处理的时候考虑这种情况，把偏斜图像纠正过来之后再去做 OCR 识别，这样才会得到比较高的准确率，对文本扫描图像来说，这种解决办法在 OpenCV 中是比较容易做到的，首先需要将文档二值化，然后扫描添加所有的文本前景像素点到 List 集合中去，并使用 minAreaRect 函数得到整个文档的最小外接矩形，接着得到偏斜角度与中心，根据角度与中心，对图像使用 warpAffine 完成几何变换即可完成文本图像的纠偏工作，演示效果如图 8-6 所示。

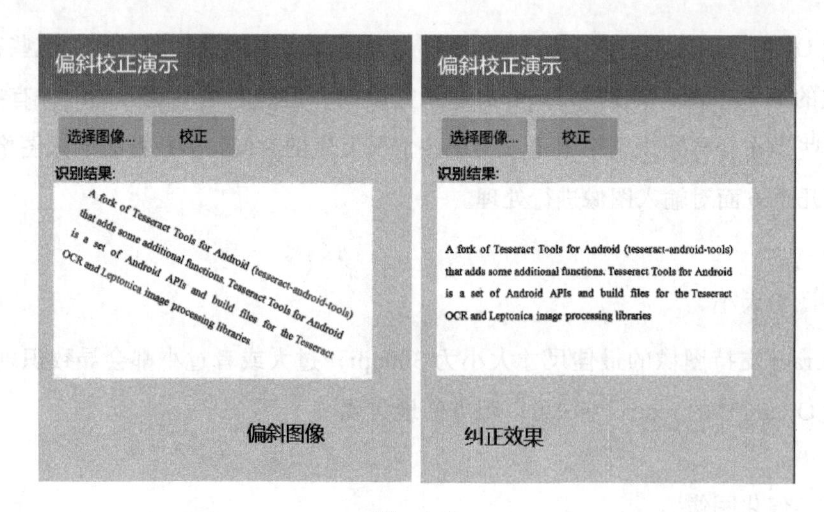

图　8-6

实现纠偏的代码为 CardNumberROIFinder 类中 deSkewText 方法，调用它的时候需要两个参数，一个是输入偏斜文本图像 rotate_text.png，另外一个是返回参数。该方法的完整代码实现如下：

```
    // 二值化图像
    Mat gray = new Mat();
    Mat binary = new Mat();
    Imgproc.cvtColor(textImage, gray, Imgproc.COLOR_BGR2GRAY);
    Imgproc.threshold(gray, binary, 0, 255,Imgproc.THRESH_BINARY_INV | Imgproc.
THRESH_OTSU);

    // 寻找文本区域最新外接矩形
```

```
    int w = binary.cols();
    int h = binary.rows();
    List<Point> points = new ArrayList<>();
    int p = 0;
    byte[] data = new byte[w*h];
    binary.get(0, 0, data);
    int index = 0;
    for(int row=0; row<h; row++) {
        for(int col=0; col<w; col++) {
            index = row*w + col;
            p = data[index]&0xff;
            if(p == 255) {
                points.add(new Point(col, row));
            }
        }
    }
    RotatedRect box = Imgproc.minAreaRect(new MatOfPoint2f(points.toArray(new
Point[0])));
    double angle = box.angle;
    if (angle < -45.)
        angle += 90.;

    Point[] vertices = new Point[4];
    box.points(vertices);
    // de-skew 偏斜校正
    Mat rot_mat = Imgproc.getRotationMatrix2D(box.center, angle, 1);
    Imgproc.warpAffine(binary, dst, rot_mat, binary.size(), Imgproc.INTER_CUBIC);
    Core.bitwise_not(dst, dst);

    // 释放内存
    gray.release();
    binary.release();
    rot_mat.release();
```

（5）边缘去除

有时候边缘线也会对 OCR 识别造成干扰，这个时候需要通过边缘检测与霍夫直线等方法提取边缘线，然后使用绘制轮廓的方法把边缘线填充成背景颜色，从而消除边缘线干扰，提高 OCR 识别率。

上述内容为 OCR 识别之前几种图像预处理的方法，这些方法并不一定是必须使用的，在成像质量很好与识别率很高的情况，我们可以不予考虑。预处理可能会很复杂，上面给出的这些方法只是一些比较简单、常见的预处理手段，基于前面 1 ～ 7 章所学的知识都可以去实现。

8.5　小结

本章着重介绍了 OpenCV 与 Tesseract 结合使用以实现识别身份证图像上的身份证号码的案例，通过这个案例我们将掌握如何运用所学知识的能力，把不同的图像处理方法组合起来去解决一个复杂的问题，提升了对 OpenCV 与图像处理的认知水平与灵活运用知识的能力。

同时本章还对 Tesseract 如何训练数据，提高 OCR 识别率做了一些简单的介绍，通过这些知识帮助大家进一步巩固本章所学的内容，理解各个知识点，融会贯通。在实际项目开发中，本章给出的源代码都具有非常大的参考价值与可移植性，对开发类似移动端图像处理应用有很大的参考价值与实用性。源代码也是本书的一部分，希望读者在阅读与理解本章的基础上完成自己版本的程序，体会 OpenCV4Android 技术带来的好处。

CHAPTER 9

第9章

人脸美颜

本章我们将介绍图像算法泛娱乐化最典型的案例之一——人脸美颜（美容），该功能在很多拍照类 APP 中是很常见的，虽然现在有一些开源框架或者公开 SDK 接口可以完成此功能，但是那种受制于人无法一探原理究竟的痛苦只有 Android 开发者自己才懂，本章将综合运用所学的知识，基于 OpenCV4Android SDK 打造一个专属自己版本的人脸美颜算法演示程序。

要完成演示程序，我们将从原理上分析完成这样的程序需要用到的算法，然后再从 OpenCV 的算法实现中使用相关 API 去完成每一步的操作。对于人脸美颜，要实现对皮肤细节的模糊，而保留眼睛、鼻子、嘴唇等部位，而且最好可以对这些部位也做一些适当的优化，这样效果才会提升得更加显著，客户体验才会更好。要完成这样的操作，同时还应该考虑性能问题的影响，这样才不会让用户等待太久。基于这些因素的考虑，本章会基于 OpenCV 实现一种新的边缘滤波算法，同时使用 OpenCV 的积分图算法做快速计算，从 UI 设计到算法设计、代码实现，演示程序完整地演示了该案例的分析、实现和演示。下面就让我们一起开始本章的学习吧！

9.1 积分图计算

积分图是 Crow 于 1984 年首次提出的，其目的是为了在多尺度透视投影中提高渲染速度。随后这种技术被应用到基于 NCC 的快速匹配、对象检测、SURF 变换和基于统计学的快速滤波器等方面。积分图像是一种在图像中快速计算矩形区域和的方法，这种算法的主要优点是一旦积分图像首先被计算出来，就可以计算图像中任意大小矩形区域的和，而且是在常量时间内。这样在图像模糊、边缘提取、对象检测的时候就能极大地降低计算量、提高计算速度。第一个应用积分图像技术的应用是在 Viola-Jones 的对象检测框架中出现的。

1. 积分图基本原理

对于方框模糊来说，当我们需要求出指定方框的均值时，首先需要计算其和，而这个是最耗时的操作，方框越大耗时越长，原因就在于这些计算存在着大量的重复计算。而积分图则能做到计算一次，后续查找和表完成替代计算，这样就大大简化了计算的复杂度，提高了程序执行的时间。假设有如下的图像 I，其积分图为 II，对于给定任意矩形范围大小的像素之和都可以通过矩形的四个点左侧上方的像素块组合加减得到。假设矩形右下角的点为 $P(x, y)$，左上角的点为 $P(u, v)$，则可以通过如下公式最终得到矩形块像素：

$$\text{sum}(x, y) = ii(x, y) + ii(u, v) - ii(x, v) - ii(u, y)$$

其中，矩形大小为 $m \times n$，$m = x - u$，$n = y - v$，如图 9-1 所示。

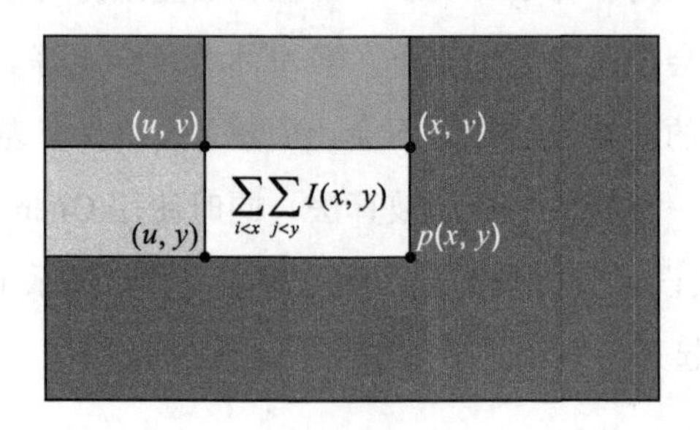

图　9-1

这样对每个像素点来说，全都计算它的左上角所有像素的和，就得到了图像对应的积分图表，用它作为查找表，实现任意尺寸的图像上方框和查找。实际计算中首先要对原图的上侧进行左侧补零之后再进行计算，结果如图 9-2 所示。

5	2	3	4	1
1	5	4	2	3
2	2	1	3	4
3	5	6	4	5
4	1	3	2	6

原图 a）

0	0	0	0	0	0
0	5	7	10	14	15
0	6	13	20	26	30
0	8	17	25	34	42
0	11	25	39	52	65
0	15	30	47	62	81

积分图 b）

图 9-2

2. OpenCV 中的积分图计算

OpenCV 中已经实现了积分图计算的 API，支持计算图像的积分图和表、平方和表与斜 45° 的和表。OpenCV4Android SDK 中 Java 层面计算积分图的 API 有三个，分别如下。

- integral (Mat src, Mat sum, int sdepth)
- integral2 (Mat src, Mat sum, Mat sqsum, int sdepth, int sqdepth)
- integral3 (Mat src, Mat sum, Mat sqsum, Mat tilted, int sdepth, int sqdepth)

其中参数解释如下。

- src：表示输入图像。
- sum：表示计算积分图得到和表。
- sqsum：表示计算积分图得到平方和表。
- titled：表示得到 title 方式的和表。
- sdepth：表示和表的数据深度类型，默认是输入 src 深度一致。
- sqdepth：表示平方和表深度数据类型。

对于任意矩形区域来说，有如下公式。

$$\text{sum}(X, Y) = \sum_{x<X,\, y<Y} \text{image}(x, y)$$

$$\text{sqsum}(X, Y) = \sum_{x<X,\, y<Y} \text{image}(x, y)^2$$

$$\sum_{x_1<x<x_2,\, y_1<y<y_2} \text{image}(x, y) = \text{sum}(x_2, y_2) - \text{sum}(x_1, y_2) - \text{sum}(x_2, y_1) + \text{sum}(x_1, y_1)$$

3. 使用积分图实现快速模糊

计算得到积分图之后，对于常见的图像均值模糊可以通过使用和表的方式进行快速计算，对图像实现任意大小的半径，均值模糊都能做到线性时间完成，基于积分图计算API实现半径无关模糊的代码如下：

```
public void Integral_Image_Demo() {
    Mat src = Imgcodecs.imread(fileUri.getPath());
    if(src.empty()){
        return;
    }
    Mat dst = new Mat(src.size(), src.type());
    Mat sum = new Mat();
    Imgproc.integral(src, sum, CvType.CV_32S);

    int w = src.cols();
    int h = src.rows();
    int x2 = 0, y2 = 0;
    int x1 = 0, y1 = 0;
    int ksize = 15;
    int radius = ksize / 2;
    int ch = src.channels();
    byte[] data = new byte[ch*w*h];
    int[] tl = new int[3];
    int[] tr = new int[3];
    int[] bl = new int[3];
    int[] br = new int[3];
    int cx = 0;
    int cy = 0;
    for (int row = 0; row < h+radius; row++) {
        y2 = (row+1)>h?h:(row+1);
        y1 = (row - ksize) < 0 ? 0 : (row - ksize);
        for (int col = 0; col < w+radius; col++) {
            x2 = (col+1)>w?w:(col+1);
            x1 = (col - ksize) < 0 ? 0 : (col - ksize);
            sum.get(y1, x1,tl);
            sum.get(y2, x1,tr);
            sum.get(y1, x2,bl);
            sum.get(y2, x2,br);
            cx = (col - radius) < 0 ? 0 : col - radius;
            cy = (row - radius) < 0 ? 0 : row - radius;
            for (int i = 0; i < ch; i++) {
                int num = (x2 - x1)*(y2 - y1);
```

```
                int x = (br[i] - bl[i] - tr[i] + tl[i]) / num;
                data[cy*ch*w + cx*ch+i] = (byte)x;
            }
        }
    }
    dst.put(0, 0, data);

    // 转换为Bitmap，显示
    Bitmap bm = Bitmap.createBitmap(src.cols(), src.rows(), Bitmap.Config.
ARGB_8888);
    Mat result = new Mat();
    Imgproc.cvtColor(dst, result, Imgproc.COLOR_BGR2RGBA);
    Utils.matToBitmap(result, bm);

    // show
    ImageView iv = (ImageView)this.findViewById(R.id.chapter9_imageView);
    iv.setImageBitmap(bm);

    // release memory
    src.release();
    dst.release();
    result.release();
}
```

上述代码实现是基于积分图的均值模块，代码在计算每个方框之后，将均值赋给中心化的像素点，所以在使用该方法的时候指定的方框宽度与长度要求是奇数。

9.2 局部均方差滤波

传统的图像边缘保留滤波算法——如高斯双边模糊、Mean-Shift模糊等计算复杂、效率比较低，虽然有各种优化手段或者快速计算方法，但是算法相对于一般程序员来说，理解起来比较费劲，不是一个好的选择，局部均方差滤波通过积分图像实现局部均方差的边缘保留模糊算法，计算简单而且可以做到计算量与半径无关，比上面提到的两种边缘保留滤波（EPF）算法效率高很多。

1. 基本原理

首先局部均方差滤波中计算局部均值的公式如下：

$$m_{i,j}=\frac{1}{(2n+1)(2m+1)}\sum_{k=i-n}^{n+i}\sum_{l=j-m}^{m+j}x_{k,l}$$

计算局部方差的公式如下：

$$V_{i,j}=\frac{1}{(2n+1)(2m+1)}\sum_{k=i-n}^{n+i}\sum_{l=j-m}^{m+j}\left(x_{k,l}-m_{i,j}\right)^2$$

局部均方差的滤波公式如下：

$$\hat{x}_{i,j}=\left(1-k_{i,j}\right)m_{i,j}+k_{i,j}z_{i,j}$$

其中，系数 k 的计算公式如下：

$$k_{i,j}=\frac{Q_{i,j}}{Q_{i,j}+\sigma^2}$$ ，其中 $Q_{i,j}\cong V_{i,j}$ ，σ 是常量系数

当边缘很弱的时候，系数 k 趋近于 0，该点矫正之后的像素值就接近于平均值。而当边缘很强的时候，系数 k 趋近于 1，该点模糊之后的像素值就接近等于输入像素值。上述计算中最中意的就是窗口内像素的均值与方差，计算均值可以根据积分图像很容易得到，而计算方差则需要根据一系列的数学推导得到，如下：

$$\mathrm{Var}(x)=\sum_{i=1}^{n}p_i\left(x_i-\mu\right)^2=\frac{1}{n}\left(\sum_{i=1}^{n}x_i^2-\frac{1}{n}\left(\sum_{i=1}^{n}x_i\right)^2\right)$$

这样就可以根据积分图的两个和表得到所有计算值，经过简单的计算得到结果，而且这种方式与局部区域的半径大小无关，基本上可以实现线性时间计算。

2. 代码实现

首先需要计算积分图的和表与平方和表，然后基于和表与平方和表查找方式对图像完成局部均方差滤波，输出结果。计算积分图获取索引和表的代码如下：

```
int[] data1 = new int[(w+1)*(h+1)*ch];
float[] data2 = new float[(w+1)*(h+1)*ch];
```

```
    Imgproc.integral2(src, sum, sqsum, CvType.CV_32S, CvType.CV_32F);
    sum.get(0, 0, data1);
    sqsum.get(0, 0, data2);
```

查询和表返回和与平方和的代码如下：

```
    private int getblockMean(int[] sum, int x1, int y1, int x2, int y2, int i, int
w) {
        int tl = sum[y1*3*w + x1*3+i];
        int tr = sum[y2*3*w + x1*3+i];
        int bl = sum[y1*3*w + x2*3+i];
        int br = sum[y2*3*w + x2*3+i];
        int s = (br - bl - tr + tl);
        return s;
    }

    private float getblockSqrt(float[] sum, int x1, int y1, int x2, int y2, int i,
int w) {
        float tl = sum[y1*3*w + x1*3+i];
        float tr = sum[y2*3*w + x1*3+i];
        float bl = sum[y1*3*w + x2*3+i];
        float br = sum[y2*3*w + x2*3+i];
        float var = (br - bl - tr + tl);
        return var;
    }
```

基于和表查找，实现局部均方差滤波的代码如下：

```
    private void FastEPFilter(Mat src, int[] sum, float[] sqsum, Mat dst) {
        int w = src.cols();
        int h = src.rows();
        int x2 = 0, y2 = 0;
        int x1 = 0, y1 = 0;
        int ksize = 15;
        int radius = ksize / 2;
        int ch = src.channels();
        byte[] data = new byte[ch*w*h];
        src.get(0, 0, data);
        int cx = 0, cy = 0;
        float sigma2 = sigma*sigma;
        for (int row = radius; row < h + radius; row++) {
            y2 = (row + 1)>h ? h : (row + 1);
            y1 = (row - ksize) < 0 ? 0 : (row - ksize);
            for (int col = 0; col < w + radius; col++) {
```

```
                x2 = (col + 1)>w ? w : (col + 1);
                x1 = (col - ksize) < 0 ? 0 : (col - ksize);
                cx = (col - radius) < 0 ? 0 : col - radius;
                cy = (row - radius) < 0 ? 0 : row - radius;
                int num = (x2 - x1)*(y2 - y1);
                for (int i = 0; i < ch; i++) {
                    int s = getblockMean(sum, x1, y1, x2, y2, i, w+1);
                    float var = getblockSqrt(sqsum, x1, y1, x2, y2, i, w+1);

                    // 计算系数k
                    float dr = (var - (s*s) / num) / num;
                    float mean = s / num;
                    float kr = dr / (dr + sigma2);

                    // 得到滤波后的像素值
                    int r = data[cy*ch*w + cx*ch+i]&0xff;
                    r = (int)((1 - kr)*mean + kr*r);
                    data[cy*ch*w + cx*ch+i] = (byte)r;
                }
            }
        }
        dst.put(0, 0, data);
    }
```

σ 的值越大，系数 k 值会越小，均值所占的权重就会越大，局部均方差模糊的效果就越明显；区域越平坦，系数 k 的值就会越大，每个像素点的输出值就越接近于输入像素值。

9.3　遮罩层生成

通过前面两节的学习，我们已经成功地通过积分图计算实现了图像快速边缘保留滤波，对人体来说，我们需要完成皮肤区域的磨皮操作，而对于非皮肤区域则最好保持不变，这样就需要解决皮肤像素与其他像素的分类问题，这类问题最常见的解决方法是基于颜色模型，在不同的色彩空间通过一系列的条件判别实现皮肤像素与非皮肤像素的分类，然后将皮肤像素所在的像素点设置为 1，其余为 0，这样就得到了皮肤区域遮罩层。常见的几种判别图像皮肤像素的颜色模型与判定条件有如下两种。

1. RGB 色彩空间判别

图像在 RGB 色彩空间进行皮肤像素判别，对于任意像素点 $P(x, y)$ 满足如下判断条件：

```
255 R > 95 and G > 40 and B > 20 and max (R, G, B) - min (R, G, B) > 15 and
|R - G| > 15 and R > G and R > B
```

则该像素点为皮肤像素点，否则不是。

2. YCrCb 色彩空间判别

相对于 RGB 色彩空间，YCrCb 色彩空间可以更好地表达与快速判别皮肤像素，YCrCb 色彩空间最早由欧洲电视台用于实现图像压缩工作，它与 RGB 的关系可以表示如下：

$$Y = 0.299R + 0.587G + 0.114B$$

$$Cr = R-Y$$

$$Cb = B-Y$$

YCrCb 色彩空间是一种设备依赖色彩空间，Y 表示亮度，其他两个分量分别表示颜色的不同值，Cb 表示纯色蓝、Cr 表示纯色红。Y 分量有 220 级别，从 16 到 235 之间，Cr，Cb 分量有 225 个级别，从 16 到 240 之间。在 YCrCb 色彩空间，可使用如下条件判别皮肤像素：

$Y > 80$ and $85 < C_b < 135$ and $135 < C_r < 180$，其中 Y、C_r、C_b = [0, 255]

上述两种判别条件的代码实现如下：

```
public boolean rgbSkin(int tr, int tg, int tb) {
    int max = Math.max(tr, Math.max(tg, tb));
    int min = Math.min(tr, Math.min(tg, tb));
    int rg = Math.abs(tr - tg);

    return tr > 95 && tg > 40 && tb > 20 && rg > 15 &&
            (max - min) > 15 && tr > tg && tr > tb;
}
```

```
public boolean yCrCbSkin(int y, int Cr, int Cb) {
    return (y > 80)&& (85 <Cb && Cb < 135) && (135 <Cr && Cr < 180);
}
```

源代码请参见 SkinFinder.java 与 DefaultSkinFinder.java。使用图像像素判别实现皮肤像素区域遮罩层图像生成的代码如下：

```
private void generateMask(Mat src, Mat mask) {
    int w = src.cols();
    int h = src.rows();
    byte[] data = new byte[3];
    Mat ycrcb = new Mat();
    DefaultSkinFinder skinFinder = new DefaultSkinFinder();
    Imgproc.cvtColor(src, ycrcb, Imgproc.COLOR_BGR2YCrCb);
    for (int row = 0; row < h; row++) {
        for (int col = 0; col < w; col++) {
            ycrcb.get(row, col, data);
            int y = data[0]&0xff;
            int cr = data[1]&0xff;
            int cb = data[2]&0xff;
            if(skinFinder.yCrCbSkin(y, cr, cb)) {
                mask.put(row, col, new byte[]{(byte) 255});
            }
        }
    }
    ycrcb.release();
}
```

经过对比发现 YCrCb 色彩空间的皮肤区域判别正确性要明显好于 RGB 色彩空间的判别方法。对于皮肤区域的像素赋值为 255，其他区域为 0，这样就生成了完整的 mask 图像。有了 mask 图像，就可以继续进行下一步处理，可以尝试融合与恢复一些非皮肤区域像素与边缘，让最终结果更加真实。

9.4　高斯权重融合

得到图像的遮罩层之后，我们就可以尝试进行图像融合，融合的整个过程就是把原图与局部均方差滤波之后的图像，根据 9.3 节中生成的 mask 图像经过高斯模糊之后，转换为 0 ～ 1 的图像值权重，之后对两幅图像进行权重相加，输出的最终结果即为高斯融合后的图像。图示流程如图 9-3 所示。

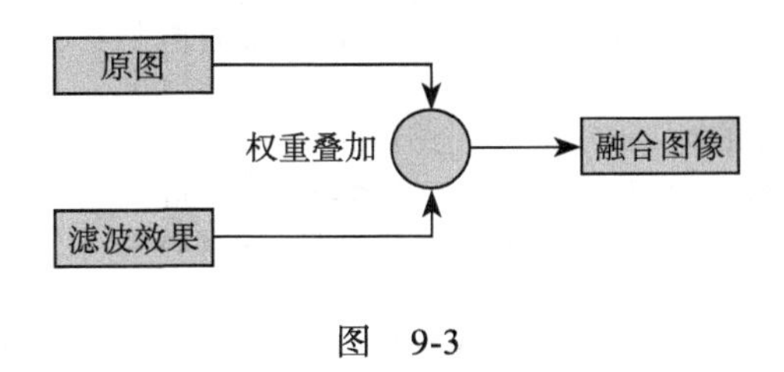

图 9-3

上述流程中，输入的图像在前面的步骤章节中已经生成，这个时候只需要对上一步中的 mask 图像首先进行高斯模糊，选择的卷积核大小通常为 3 × 3 或者 5 × 5。对模糊之后的图像归一化到 0 ～ 1 之间，这里需要特别注意的是，必须指定图像的类型为从 CV_8U 到 CV_32F，然后就可以根据每个对应点的权重值，完成图像融合。各个步骤的代码实现具体如下。

1）对 mask 图像实现高斯模糊：

```
Imgproc.GaussianBlur(mask, blur_mask, new Size(3, 3), 0.0);
```

2）mask 模糊图像转换类型，归一化：

```
blur_mask.convertTo(blur_mask_f, CvType.CV_32F);
Core.normalize(blur_mask_f, blur_mask_f, 1.0, 0, Core.NORM_MINMAX);
```

3）根据权重完成高斯融合叠加：

```
// 获取数据
int w = src.cols();
int h = src.rows();
int ch = src.channels();
byte[] data1 = new byte[w*h*ch];
byte[] data2 = new byte[w*h*ch];
float[] mdata = new float[w*h];
blur_mask_f.get(0, 0, mdata);
src.get(0, 0, data1);
dst.get(0, 0, data2);

// 高斯权重混合
```

```
for(int row=0; row<h; row++) {
    for(int col=0; col<w; col++) {
        int b1 = data1[row*ch*w + col*ch]&0xff;
        int g1 = data1[row*ch*w + col*ch+1]&0xff;
        int r1 = data1[row*ch*w + col*ch+2]&0xff;

        int b2 = data2[row*ch*w + col*ch]&0xff;
        int g2 = data2[row*ch*w + col*ch+1]&0xff;
        int r2 = data2[row*ch*w + col*ch+2]&0xff;

        float w2 = mdata[row*w + col];
        float w1 = 1.0f - w2;

        b2 = (int)(b2*w2 + w1*b1);
        g2 = (int)(g2*w2 + w1*g1);
        r2 = (int)(r2*w2 + w1*r1);

        data2[row*ch*w + col*ch]=(byte)b2;
        data2[row*ch*w + col*ch+1]=(byte)g2;
        data2[row*ch*w + col*ch+2]=(byte)r2;
    }
}

// 释放内存
blur_mask.release();
blur_mask_f.release();
data1 = null;
data2 = null;
mdata = null;
```

完成上述步骤之后，输出的图像就只有皮肤区域完成模糊，眼睛等区域得到了完整的保护与恢复，整体的立体感与真实感更强，但是一些边缘地方跟之前相比，有些会遭到破坏，这可以通过一些简单的方法进行修复，9.5 节会讲如何提升边缘对比度。此外本节中演示的遮罩层高斯权重融合在图像处理美化处理中是常见的处理手段与技巧，对于任意图像，生成遮罩层融合都可以使用这样方法。

9.5　边缘提升

上一步完成之后，就会发现非皮肤区域得到了很好的保留，而皮肤区域则完成了边缘保留滤波，虽然边缘保留滤波不会对图像的边缘造成较大的伤害，保留了图像的边缘，但是相对于原图来说，图像的皮肤区域边缘还是遭到了一定程度的破坏与损害。对皮肤的平坦区域来说模糊程度越高可能美化效果越好，但是对人脸这样具有轮廓的皮肤来说，所用的局部均方差 σ 值越大，模糊程度越高，边缘轮廓信息被损害得就越大。这个时候我们可以通过 Canny 对原图计算轮廓图像，然后再叠加到混合之后的图像上，这种方式可以有效地修补受损边缘信息，让图像更加接近真实原图。整个的实现步骤分为如下几步。

1）计算原图的边缘图像，基于 Sobel 梯度算子。

2）基于边缘二值图像 mask，实现原图与输出图像的叠加。

3）对叠加之后的图像完成 3×3 高斯模糊输出最终结果。

上述三步正好每步都对应于一个 OpenCV4Android 的 API 可以实现，完整的代码实现如下：

```
Imgproc.Canny(src, mask, 150, 300, 3, true);
Core.bitwise_and(src, src, dst, mask);
Imgproc.GaussianBlur(dst, dst, new Size(3, 3), 0.0);
```

对于输入图像，完成上述操作之后就可以输出最终结果了，这里我们也回顾一下前面各小节的实现步骤，实现一个完整的人脸图像美颜算法需要的步骤如表 9-1 所示。

表 9-1

编号	功能实现	是否必须
1	边缘保留滤波（可选方法——局部均方差、双边等）	是
2	皮肤区域遮罩层生成，基于颜色模型寻找皮肤像素	是
3	基于遮罩层高斯融合	是
4	边缘叠加提升，常用 Canny 去发现边缘	是
5	亮度提升，常见对 RGB 三通加常量 10	可选
6	高斯模糊 3×3 模板大小	可选

此外，在半径为 15 不变的情况下，σ 值越大，模糊程度越厉害，正常情况下 σ 的取值范围应该约束在 [0 ～ 50] 之间，如果是 0 的话就是原图，如果是 50 的话模糊就会非常的厉害，有明显的失真问题，经过笔者对 example.png 与 ch09_test.png 两张图像在不同 σ 取值下的实践表明，默认值 $\sigma = 10$ 是一个比较能让人接受的默认值。对于一些皮肤很

差，凹凸感比较强的皮肤表面，$\sigma = 30$ 就会得到一个比较好的处理结果。

基于Java版本实现的全部源代码请参见BeautyFaceActivity.java与DefaultSkin-Finder.java两个源代码文件。最后还需要特别注意的是这里是基于Java完成了整个代码实现，每一步操作完成之后都需要及时将一些临时Mat对象内存释放掉，否则很容易会因为内存不足而导致整个APP崩溃，另外若选取的是一张高分辨的图像去做上述处理，那么在开始之前应首先通过Bitmap的降采样方法，得到其低分辨率版本并保存，之后将路径返回处理。对于分辨率宽高都大于1024的图像来说，其处理时间在10秒左右，笔者测试的真机是四核1.2GHz，Android的版本是4.4.4。这个时间对大多数用户来说，体验不是很好，9.6节中我们将尝试使用NDK版本来实现该功能，提升整体的性能并减少运行时间。

9.6　美颜实现

本章前面介绍的内容是分步骤实现美颜效果，其中各步的实现都是基于OpenCV4-Android SDK完成的，其最大的弊端就是容易导致内存泄漏以及与JNI层频繁交互导致的性能差、运行时间较长，从而影响用户体验，不是一个应用级别的代码实现。根据前面第7章中所学的知识，我们可以在NDK层基于C++来实现整个人像美化的过程，实现整个过程只调用JNI一次，这样就会大大降低SDK层调用底层方法导致的性能开销，同时C++层的代码通过指针访问等方法可以减少时间开销，代码执行效率更高，这样整个程序的运行时间就会更短，从而用户体验也会更好，是一个美颜应用级别的代码实现。完整的人脸美颜各个算法的先后执行流程顺序如图9-4所示。

1. Java代码实现

要通过JNI调用本地方法，首先需要定义一个本地方法，这个一般定义在Beauty-FaceActivity.java中，包含四个参数，分别是输入图像、美颜之后输出图像、参数 σ 与参数blur，其中blur为true，表示对输出结果添加 3×3 高斯模糊效果，否则亮度提升之后直接输出即可。方法声明代码如下：

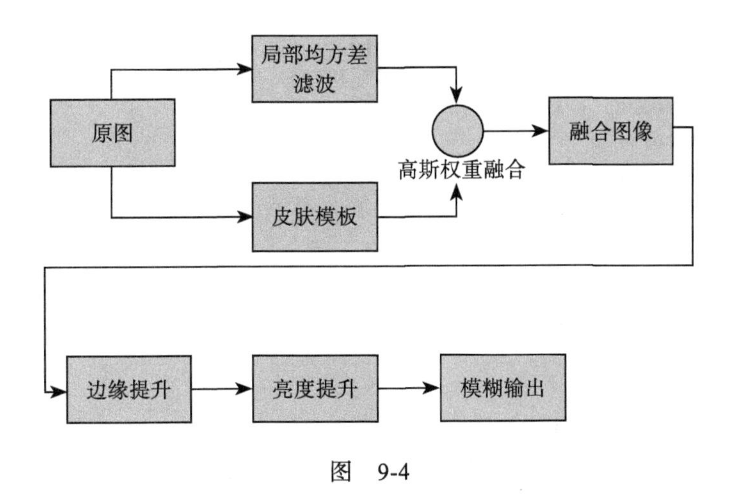

图 9-4

```
public native void beautySkinFilter(long srcAddress, long dstAddress, float
sigma, boolean blur)
```

2. NDK 层代码实现

NDK 层代码实现主要是实现上述算法流程的各个步骤，这个时候应考虑效率优先原则，对各部分代码进行适当的归并与整合，并且对像素数据处理使用指针方式，完成这段 C++ 与 OpenCV 混合代码的编写，需要 Android 开发者本身具有一定的 NDK 层开发经验，对 OpenCV C++ 编程有一定程度的了解，关于 NDK 的配置与编译在第 7 章中已经有过详细讲述，这里不再赘述。首先需要在已存的 C++ 文件 haar_detect.cpp 中添加如下 JNI 支持方法：

```
JNIEXPORT void JNICALL
Java_com_book_chapter_nine_BeautyFaceActivity_beautySkinFilter(JNIEnv*,
jobject, jlong addrsrc, jlong addrdst, jfloat sigma, jboolean blur)
```

在方法中添加如下 C++ 代码：

```
bool flag = (bool)blur;
Mat& src = *(Mat*)addrsrc;
Mat& dst = *(Mat*)addrdst;
LOGD( "Face Beauty : %s", "Call In");
// 计算积分图
Mat sum, sqrsum, ycrcb;
```

```
    cvtColor(src, ycrcb, COLOR_BGR2YCrCb);
    integral(src, sum, sqrsum, CV_32S, CV_32F);
    LOGD( "Face Beauty : %s", " 积分图计算 ");
    int w = src.cols;
    int h = src.rows;

    int x2 = 0, y2 = 0;
    int x1 = 0, y1 = 0;
    int ksize = 15;
    int radius = ksize / 2;
    int ch = src.channels();
    int cx = 0, cy = 0;
    float sigma2 = sigma*sigma;
    Mat mask = Mat::zeros(src.size(), CV_8UC1);
    int bgr[] = { 0, 0, 0 };
    for (int row = 0; row < h + radius; row++) {
        y2 = (row + 1)>h ? h : (row +1);
        y1 = (row - ksize) < 0 ? 0 : (row - ksize);
        for (int col = 0; col < w + radius; col++) {
            x2 = (col + 1)>w ? w : (col + 1);
            x1 = (col - ksize) < 0 ? 0 : (col - ksize);
            cx = (col - radius) < 0 ? 0 : col - radius;
            cy = (row - radius) < 0 ? 0 : row - radius;
            int num = (x2 - x1)*(y2 - y1);
            for (int i = 0; i < ch; i++) {
                int s = get_block_sum(sum, x1, y1, x2, y2, i);
                float var = get_block_sqrt_sum(sqrsum, x1, y1, x2, y2, i);

                // 计算系数 k
                float dr = (var - (s*s) / num) / num;
                float mean = s / num;
                float kr = dr / (dr + sigma2);

                // 得到滤波后的像素值
                int r = src.ptr<uchar>(cy)[cx * 3 + i];// at<Vec3b>(cy, cx)[i];
                bgr[i] = ycrcb.ptr<uchar>(cy)[cx*3+i];
                r = (int)((1 - kr)*mean + kr*r);
                dst.ptr<uchar>(cy)[cx * 3 + i] = saturate_cast<uchar>(r);
            }
            if ((bgr[0] > 80) && (85 < bgr[2] && bgr[2] < 135) && (135 < bgr[1] &&
bgr[1] < 180)) {
                mask.at<uchar>(cy, cx) = 255;
            }
        }
```

```
}
sum.release();
ycrcb.release();
sqrsum.release();
LOGD( "Face Beauty : %s", "局部均方差滤波");

Mat blur_mask, blur_mask_f;

// 高斯模糊
GaussianBlur(mask, blur_mask, Size(3, 3), 0.0);
blur_mask.convertTo(blur_mask_f, CV_32F);
normalize(blur_mask_f, blur_mask_f, 1.0, 0, NORM_MINMAX);

// 高斯权重混合
Mat clone = dst.clone();
for (int row = 0; row<h; row++) {
    uchar* srcRow = src.ptr<uchar>(row);
    uchar* dstRow = dst.ptr<uchar>(row);
    uchar* cloneRow = clone.ptr<uchar>(row);
    float* mask_row = blur_mask_f.ptr<float>(row);
    for (int col = 0; col<w; col++) {
        int b1 = *srcRow++;
        int g1 = *srcRow++;
        int r1 = *srcRow++;

        int b2 = *cloneRow++;
        int g2 = *cloneRow++;
        int r2 = *cloneRow++;

        float w2 = *mask_row++;
        float w1 = 1.0f - w2;

        b2 = (int)(b2*w2 + w1*b1);
        g2 = (int)(g2*w2 + w1*g1);
        r2 = (int)(r2*w2 + w1*r1);

        *dstRow++ = saturate_cast<uchar>(b2);
        *dstRow++ = saturate_cast<uchar>(g2);
        *dstRow++ = saturate_cast<uchar>(r2);
    }
}
clone.release();
blur_mask.release();
blur_mask_f.release();
```

```
LOGD( "Face Beauty : %s", " 权重混合 ");

// 边缘提升
Canny(src, mask, 150, 300, 3, true);
bitwise_and(src, src, dst, mask);

// 亮度提升
add(dst, Scalar(10, 10, 10), dst);
if(flag){
    GaussianBlur(dst, dst, Size(3, 3), 0);
}
LOGD( "Face Beauty : %s", "End Call");
```

上述代码还会调用查找积分图和表计算局部均方差模糊所需要的和与平方和，这两个 C++ 方法必须也定义在同一 CPP 文件里面，添加代码如下：

```
int get_block_sum(Mat &sum, int x1, int y1, int x2, int y2, int i) {
    int tl = sum.ptr<int>(y1)[x1 * 3 + i];
    int tr = sum.ptr<int>(y2)[x1 * 3 + i];
    int bl = sum.ptr<int>(y1)[x2 * 3 + i];
    int br = sum.ptr<int>(y2)[x2 * 3 + i];
    int s = (br - bl - tr + tl);
    return s;
}

float get_block_sqrt_sum(Mat &sum, int x1, int y1, int x2, int y2, int i) {
    float tl = sum.ptr<float>(y1)[x1 * 3 + i];
    float tr = sum.ptr<float>(y2)[x1 * 3 + i];
    float bl = sum.ptr<float>(y1)[x2 * 3 + i];
    float br = sum.ptr<float>(y2)[x2 * 3 + i];
    float var = (br - bl - tr + tl);
    return var;
}
```

这样就实现了 C++ 部分人脸美颜的核心算法。

3. 加载与运行

通过 nkd-build 实现编译，把相关 so 文件复制到 app/libs 文件夹下面以覆盖原有的 so 文件，然后在 BeautyFaceActivity.java 中的 onCreate 方法中添加如下代码来加载 so 库文件：

```
System.loadLibrary("face_detection");
```

这里库文件的名称还是沿用第7章中配置文件声明的模块名称。然后当用户点击【演示效果】按钮的时候，根据用户选择的图像，响应调用如下代码：

```
beautySkinFilter(src.getNativeObjAddr(), dst.getNativeObjAddr(),sigma, false);
```

其中sigma越大则表示模糊程度越大，false表示输出不经过高斯模糊直接输出结果。运行结果如图9-5所示。

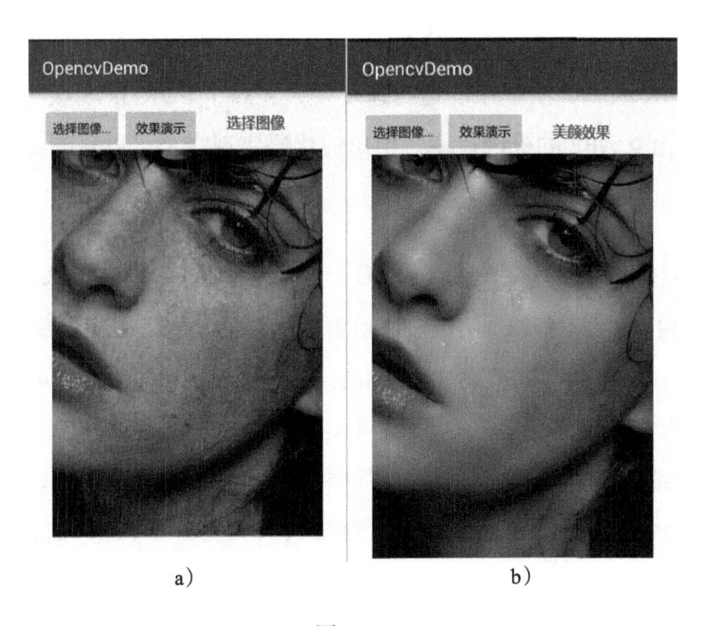

a）　　b）

图 9-5

图9-5a是程序开始运行，选择图像之后的界面显示，右侧是点击【效果演示】按钮之后，完成美颜滤镜处理后输出的结果。本节完整的代码实现请参见以下两个文件：

- BeautyFaceActivity.java：定义Java本地方法，Java版本算法实现，界面显示与事件响应。
- haar_detect.cpp：NDK层美颜滤镜代码实现，JNI方法接口声明。

本节的程序可以通过添加用户界面实现参数σ的用户选择或者输入，同样最后一个

boolean类型的参数也可以通过接受用户选择来确定输出结果是否需要加上高斯模糊，这些就留给读者去实现。

9.7 小结

本章详细介绍了在OpenCV4Android中开发人脸美颜这类泛娱乐化APP的整体技术思路、各步算法原理与实现，每一节介绍其中的一个环节，完成Java版本算法程序的演示，基于效率与用户体验，在Android NDK层面重写了算法的C++版本，运行与测试结果表明，最终NDK版本算法程序的运行速度要大大高于SDK Java版本，基本可以达到当前主流人脸美化类APP的处理速度，给出的代码实现完全可以移动到读者自己开发的APP中。

此外，我们还想通过这个案例，向读者演示如何去开发一个真正的产品级别的OpenCV应用模块，在NDK层面考虑性能问题、注意内存使用，做到算法程序稳定运行，通过合理的参数配置来调整算法的输出结果。另外还讲了Android NDK编程知识。通过这些知识的学习、理解和掌握，读者可实实在在地提高开发技能、掌握OpenCV在实践中的应用，解决实际问题。本章的源代码也是本书内容的一部分，经过了作者严格的测试，希望读者可以运行本章给出的所有源代码程序，修改实现自己个性化的美颜程序。

CHAPTER 10

第10章

人眼实时跟踪与渲染

本章将基于OpenCV4Android SDK，与NDK结合在一起，完成对人脸的实时检测与跟踪，通过对人脸生物学特征的分析，使用OpenCV预训练的级联分类器XML实现对人眼睛的检测与跟踪，在此基础上通过前面所学的知识，实现对眼睛颜色的渲染修改，实现一种类似于实时AR增强的效果，这个功能也是OpenCV在移动端的典型应用场景之一。

要实现本章的案例，我们也需要像第9章一样首先通过各节来学习各个知识点与代码实现，然后在此基础上进一步整合代码，提高代码执行效率与性能，同时本章毫无疑问地会用到相机实时预览，这就要求我们回顾与掌握第7章的内容，使用摄像头实现每帧预览，对每个预览帧完成检测、跟踪与渲染等一系列过程，视频处理对程序的实时性要求比较高，所以我们在处理过程中必须注意使用缓存与候选最小化原则完成检测、跟踪与渲染。下面就让我们一起开始本章案例的学习吧！

10.1　界面显示与相机预览

本章将完成人脸的检测与跟踪，检测发现眼睛，找到眼球位置完成眼球的定位与颜色渲染，在开始这些工作之前，首先需要搭建好界面设计，通过Activity的选择菜单来响应用户事件，完成指定操作，整个用户界面主要是定义摄像头预览View组件，菜单选项分别支持人脸检测与跟踪、眼睛可能区域选择、眼睛区域级联发现、模板获取、渲染显示等环节。本节将完成整个 UI 部分的界面显示、菜单事件响应支持与摄像头预览部分的工作。

界面部分与前置相机预览主要包含一个 JavaCameraView 对象和几个选项菜单再加上一个 Activity 类，首先在 res/menu/ 目录下创建一个菜单文件，菜单选项内容的 XML 定义如下：

```
<?xml version="1.0" encoding="utf-8"?>
<menu xmlns:android="http://schemas.android.com/apk/res/android">
    <item android:id="@+id/face_trace_menu_id"
        android:title="@string/face_trace" />
    <item android:id="@+id/eye_roi_menu_id"
        android:title="@string/eye_area" />
    <item android:id="@+id/eye_location_menu_id"
        android:title="@string/eye_found" />
    <item android:id="@+id/eye_ball_menu_id"
        android:title="@string/render_eye" />
</menu>
```

有了菜单定义文件之后需要创建 EyeRenderActivity.java 文件，然后重载方法 onCreate OptionsMenu 实现菜单选项初始化加载，代码如下：

```
public boolean onCreateOptionsMenu(Menu menu) {
    getMenuInflater().inflate(R.menu.menu_charpter_ten, menu);
    return true;
}
```

然后添加对菜单事件的响应操作，代码如下：

```
public boolean onOptionsItemSelected(MenuItem item) {
    int id = item.getItemId();
    switch (id) {
            case R.id.face_trace_menu_id:
                option = 1;
                break;
            case R.id.eye_roi_menu_id:
                option = 2;
                break;
            case R.id.eye_location_menu_id:
```

```
                option = 3;
                break;
            case R.id.eye_ball_menu_id:
                option = 4;
                break;
            default:
                option = 0;
                break;
        }
        return super.onOptionsItemSelected(item);
    }
```

最后在 EyeRenderActivity 的 onCreate 方法中需要加载 layout 文件完成 JavaCameraView 的 XML 文件布局与定义，xml 定义描述如下：

```
<?xml version="1.0" encoding="utf-8"?>
<RelativeLayout xmlns:android="http://schemas.android.com/apk/res/android"
    xmlns:tools="http://schemas.android.com/tools"
    android:id="@+id/activity_mat_operations"
    android:layout_width="match_parent"
    android:layout_height="match_parent"
    android:paddingBottom="@dimen/activity_vertical_margin"
    android:paddingLeft="@dimen/activity_horizontal_margin"
    android:paddingRight="@dimen/activity_horizontal_margin"
    android:paddingTop="@dimen/activity_vertical_margin"
    tools:context="com.book.chapter.ten.EyeRenderActivity">
    <com.book.chapter.seven.MyCvCameraView
        android:layout_width="match_parent"
        android:layout_height="match_parent"
        android:visibility="gone"
        android:id="@+id/ten_chapter_camera_id"
        />
</RelativeLayout>
```

然后，在 onCreate 方法中完成加载 View 与初始化摄像头工作，这里使用前置摄像头。onCreate 方法中添加的代码如下：

```
super.onCreate(savedInstanceState);
setContentView(R.layout.activity_eye_render);
//for 6.0 and 6.0 above, apply permission
if(Build.VERSION.SDK_INT >= 23) {
    ActivityCompat.requestPermissions(this,
```

```
                    new String[]{Manifest.permission.CAMERA, Manifest.
permission.WRITE_EXTERNAL_STORAGE},
                1);
    }
    //this.setRequestedOrientation(ActivityInfo.SCREEN_ORIENTATION_PORTRAIT);
    getWindow().setFlags(WindowManager.LayoutParams.FLAG_FULLSCREEN,
WindowManager.LayoutParams.FLAG_FULLSCREEN);
    getWindow().addFlags(WindowManager.LayoutParams.FLAG_KEEP_SCREEN_ON);
    mOpenCvCameraView = findViewById(R.id.ten_chapter_camera_id);
    mOpenCvCameraView.setVisibility(SurfaceView.VISIBLE);
    mOpenCvCameraView.setCvCameraViewListener(this);
    mOpenCvCameraView.enableFpsMeter();

    // 前置摄像头开启预览
    mOpenCvCameraView.setCameraIndex(1);
    mOpenCvCameraView.enableView();
```

在上述代码中使用 CvCameraViewListener2 类对 JavaCameraView 实现监听，实现监听响应的方法在 onCameraFrame 中添加的代码如下：

```
    Mat frame = inputFrame.rgba();
    Core.flip(frame, frame, 1);
    if(this.getResources().getConfiguration().orientation == ActivityInfo.SCREEN_
ORIENTATION_PORTRAIT) {
        Core.rotate(frame, frame, Core.ROTATE_90_CLOCKWISE);
    }
    return frame;
```

这样我们就完成了界面显示部分，下面就是对每个菜单响应事件做出处理。

10.2 人脸检测与跟踪

完成了界面设计与 UI 响应事件监听及响应编码之后，本节将对预览帧数据进行处理，实现人脸检测与跟踪，在 OpenCV4Android SDK3.3 版本中支持基于检测的跟踪方法，它是在级联检测器的基础上使用 DetectionBasedTracker 接口实现跟踪，当跟踪失败的时候会继续执行检测，所以它的构造函数有三个参数，分别表示检测器、跟踪器、初始化参数对象。对应类之间的关系如图 10-1 所示。

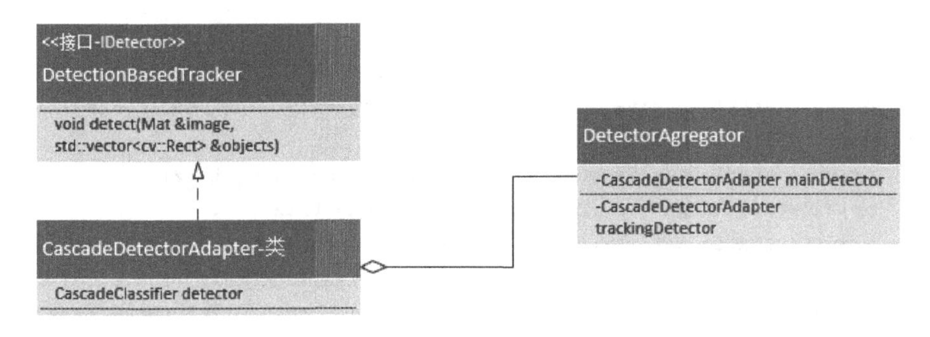

图 10-1

DetectionBasedTracker 接口在 C++ 层面即可完成，然后通过 JNI 方式调用，所以这里首先需要定义好 JNI 接口部分的方法，完整的 JNI 接口类 FaceExtraLayer.java 中的代码如下：

```
public class FaceExtraLayer {
    public FaceExtraLayer(String cascadeName, int minFaceSize) {
        mNativeObj = nativeCreateObject(cascadeName, minFaceSize);
    }

    public void start() {
        nativeStart(mNativeObj);
    }

    public void stop() {
        nativeStop(mNativeObj);
    }

    public void setMinFaceSize(int size) {
        nativeSetFaceSize(mNativeObj, size);
    }

    public void detect(Mat imageGray, MatOfRect faces) {
        nativeDetect(mNativeObj, imageGray.getNativeObjAddr(), faces.getNative-
ObjAddr());
    }

    public void release() {
        nativeDestroyObject(mNativeObj);
        mNativeObj = 0;
    }
```

```
        private long mNativeObj = 0;

        private static native long nativeCreateObject(String cascadeName, int
minFaceSize);
        private static native void nativeDestroyObject(long thiz);
        private static native void nativeStart(long thiz);
        private static native void nativeStop(long thiz);
        private static native void nativeSetFaceSize(long thiz, int size);
        private static native void nativeDetect(long thiz, long inputImage, long
faces);
    }
```

然后，就可以通过JNI命令行生成对应的“.h”的头文件方法声明，这里生成的头文件为DetectionBaseTracker_jni.h，将它复制到src/jni目录下，同时在该目录下创建C++源文件DetectionBaseTracker_jni.cpp，从官网下载OpenCV3.3之后将samples/android/face-detection/jni/DetectionBasedTracker_jni.cpp文件中的内容全部复制到创建文件中去，然后根据头文件声明修改其中每个JNI方法的包路径声明部分，这里主要是要将原来的包路径替换为自定义的class所在的包路径，即把：

```
org_opencv_samples_facedetect_DetectionBasedTracker
```

替换为：

```
com_gloomyfish_opencv_plugin_FaceExtraLayer
```

然后保存DetectionBasedTracker_jni.cpp即可。

然后通过cmd到项目所在的src/jni目录下，执行：

```
Android_NDK_PATH/ndk-build
```

其中，把Android_NDK_PATH替换为项目的NDK路径执行即可完成编译。

注意：这里我们在编译的时候使用的Android.mk文件中要把原来的源文件列表替换为如下：

LOCAL_SRC_FILES := haar_detect.cpp \

DetectionBasedTracker_jni.cpp

application.mk 使用第 7 章创建的即可。编译成功之后需要把 libs 里面的内容复制到 app/libs 中覆盖。这样就在 NDK 层完成了人脸检测跟踪支持，要初始化调用 JNI 方法，首先需要加载 so 文件与读取 XML 级联检测器数据，将这部分代码做成一个单独的方法，只要在 Activity 的 onCreate 方法中启动它即可，方法代码如下：

```
    private void initDetectBasedTracker() throws IOException {
        System.loadLibrary("face_detection");
        InputStream input = getResources().openRawResource(R.raw.lbpcascade_
frontalface);
        File cascadeDir = this.getDir("cascade", Context.MODE_PRIVATE);
        File file = new File(cascadeDir.getAbsoluteFile(), "lbpcascade_
frontalface.xml");
        FileOutputStream output = new FileOutputStream(file);
        byte[] buff = new byte[1024];
        int len = 0;
        while((len = input.read(buff)) != -1) {
            output.write(buff, 0, len);
        }
        input.close();
        output.close();
        mNativeDetector = new FaceExtraLayer(file.getAbsolutePath(), 0);
        file.delete();
        cascadeDir.delete();
    }
```

运行 Activity 的时候，就可以在 onCameraFrame 方法中调用下面这个方法实现人脸检测与跟踪了，该方法及其实现代码如下：

```
    public void process(Mat frame){
        if (mAbsoluteFaceSize == 0) {
            int height = frame.rows();
            if (Math.round(height * mRelativeFaceSize) > 0) {
                mAbsoluteFaceSize = Math.round(height * mRelativeFaceSize);
            }
            mNativeDetector.setMinFaceSize(mAbsoluteFaceSize);
            mNativeDetector.start();
        }

        Imgproc.cvtColor(frame, gray, Imgproc.COLOR_BGR2GRAY);
        MatOfRect faces = new MatOfRect();
        mNativeDetector.detect(gray, faces);
        Rect[] facesArray = faces.toArray();
```

```
    for (int i = 0; i < facesArray.length; i++)
        Imgproc.rectangle(frame, facesArray[i].tl(), facesArray[i].br(), FACE_
RECT_COLOR, 2);
  }
```

其中 mNativeDetector 就是上面定义的 JNI 接口类 FaceExtraLayer，初始化之后就可以使用它了，这里需要特别说明的是，mNativeDetector 在最后必须要被释放，否则会导致程序内存泄漏问题。最终完整的演示程序运行显示效果如图 10-2 所示。

图　10-2

完成了对人脸的检测定位与跟踪之后，我们就可以继续下一步工作啦。本节完整的源代码请参考如下几个代码文件。

- ❑ FaceExtraLayer.java
- ❑ EyeRenderActivity.java
- ❑ DetectionBasedTracker_jni.cpp
- ❑ DetectionBasedTracker_jni.h

编译 NDK 需要的配置文件具体如下。

- ❑ Android.mk
- ❑ Application.mk

10.3 寻找眼睛候选区域

人脸是一个符合生物学特征的整体，正常的眼睛、鼻子、嘴巴的位置分布都明显不同，而且都呈中心对称，所以在进行眼睛的具体检测之前，首先需要通过这些人脸几何特征与生物学特征找到眼睛候选区域，这样做的好处是可以最小化检测，提高眼睛级联分类器的执行速度，保证实时性能不会受到太大的影响，同时这样做也有利于提高检测准确率，降低误检率。首先需要截取检测到的人脸区域（ROI)，取其上半部分，然后将上半部分均匀分为左右两个部分，再根据眼睛所占上半部分的比例截取眼睛区域（ROI)，完成对眼睛区域的选择标定，为下一步的检测做好准备。整个流程如图 10-3 所示。

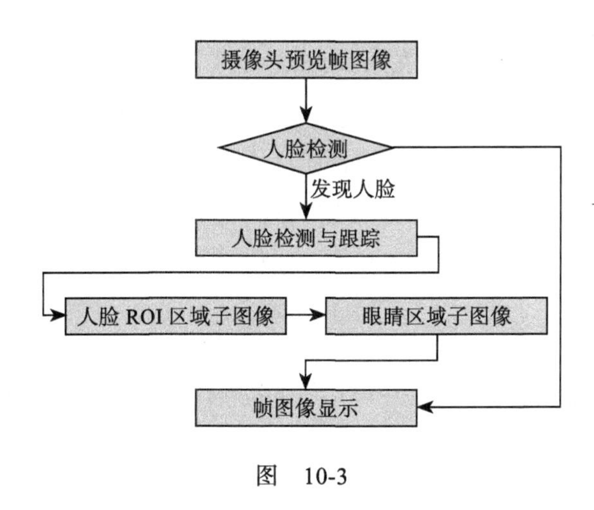

图 10-3

实现眼睛区域子图像的选择方法为 selectEyesArea，其代码实现如下：

```
if(option < 2) return;
int offy = (int)(faceROI.height * 0.35f);
int offx = (int)(faceROI.width * 0.125f);
int sh = (int)(faceROI.height * 0.18f);
int sw = (int)(faceROI.width * 0.32f);
Point lp_eye = new Point(faceROI.tl().x+offx, faceROI.tl().y+offy);
Point lp_end = new Point(lp_eye.x+sw, lp_eye.y+sh);
Imgproc.rectangle(frame, lp_eye, lp_end, EYE_RECT_COLOR, 2);
```

```
    int right_offx = (int)(faceROI.width * 0.095f);
    Point rp_eye = new Point(faceROI.x+faceROI.width/2+right_offx, faceROI.tl().
y+offy);
    Point rp_end = new Point(rp_eye.x+sw, rp_eye.y+sh);
    Imgproc.rectangle(frame, rp_eye, rp_end, EYE_RECT_COLOR, 2);
```

以上代码主要是根据人脸检测结果的ROI图像结合眼睛对称性特征与几何比例将一些不必要的区域排除在外，然后通过rectangle绘制矩形，显示选择的眼睛区域。这部分的完整代码请参考EyeRenderActivity.java文件。

10.4 眼睛检测

10.3节已经成功实现了眼睛所在大致区域范围子图像的选择，然后通过OpenCV自带的眼睛级联检测器haarcascade_eye_tree_eyeglasses.xml实现眼睛检测，将检测到的眼睛对象子图像缓存为模板，下一次当检测器无法检测到眼睛区域的时候，就使用模板图像来完成眼睛区域的匹配与BOX区域的绘制，通过这两种相互配合的方法达到连续稳定跟踪，这种解决方法在实际项目中用于提高对象检测率，以达到稳定状态，完成上述过程主要分为如下几步。

1）在Activity的onCreate方法中调用如下初始化方法实现眼睛级联检测器的初始化：

```
    initEyesDetector();
    // 缓存眼睛模板
    leftEye_template = new Mat();
    rightEye_template = new Mat();
```

2）实现初始化眼睛级联检测器的代码如下：

```
    InputStream input = getResources().openRawResource(R.raw.haarcascade_eye_tree_
eyeglasses);
    File cascadeDir = this.getDir("cascade", Context.MODE_PRIVATE);
    File file = new File(cascadeDir.getAbsoluteFile(), "haarcascade_eye_tree_
eyeglasses.xml");
    FileOutputStream output = new FileOutputStream(file);
    byte[] buff = new byte[1024];
```

```
    int len = 0;
    while((len = input.read(buff)) != -1) {
        output.write(buff, 0, len);
    }
    input.close();
    output.close();
    eyeDetector = new CascadeClassifier(file.getAbsolutePath());
    file.delete();
    cascadeDir.delete();
```

3）在 selectEyesArea 方法中实现眼睛级联分类器检测与模板匹配检测，代码如下：

```
    // 使用级联分类器检测眼睛
    if(option < 3) return;
    MatOfRect eyes = new MatOfRect();

    Rect left_eye_roi = new Rect();
    left_eye_roi.x = (int)lp_eye.x;
    left_eye_roi.y = (int)lp_eye.y;
    left_eye_roi.width = (int)(lp_end.x - lp_eye.x);
    left_eye_roi.height = (int)(lp_end.y - lp_eye.y);

    Rect right_eye_roi = new Rect();
    right_eye_roi.x = (int)rp_eye.x;
    right_eye_roi.y = (int)rp_eye.y;
    right_eye_roi.width = (int)(rp_end.x - rp_eye.x);
    right_eye_roi.height = (int)(rp_end.y - rp_eye.y);

    // 级联分类器
    Mat leftEye = frame.submat(left_eye_roi);
    Mat rightEye = frame.submat(right_eye_roi);
    eyeDetector.detectMultiScale(leftEye, eyes, 1.15, 2, 0, new Size(30,30), new
Size());
    Rect[] eyesArray = eyes.toArray();
    for(int i=0; i<eyesArray.length; i++) {
        Log.i("EYE_DETECTION", "Found Left Eyes...");
        Imgproc.rectangle(leftEye, eyesArray[i].tl(), eyesArray[i].br(), EYE_COLOR, 2);
        leftEye.submat(eyesArray[i]).copyTo(leftEye_template);
    }
    if(eyesArray.length == 0) {
        Rect left_roi = matchEyeTemplate(leftEye, true);
        if(left_roi != null)
            Imgproc.rectangle(leftEye, left_roi.tl(), left_roi.br(), EYE_COLOR, 2);
    }
```

```
    eyes.release();
    eyes = new MatOfRect();
    eyeDetector.detectMultiScale(rightEye, eyes, 1.15, 2, 0, new Size(30,30), new
Size());
    eyesArray = eyes.toArray();
    for(int i=0; i<eyesArray.length; i++) {
        Log.i("EYE_DETECTION", "Found Right Eyes...");
        Imgproc.rectangle(rightEye, eyesArray[i].tl(), eyesArray[i].br(), EYE_COLOR,
2);
        rightEye.submat(eyesArray[i]).copyTo(rightEye_template);
    }
    if(eyesArray.length == 0) {
        Rect right_roi = matchEyeTemplate(rightEye, false);
        if(right_roi != null)
            Imgproc.rectangle(rightEye, right_roi.tl(), right_roi.br(), EYE_COLOR, 2);
    }
```

其中，实现眼睛模板匹配功能的 matchEyeTemplate 方法的代码实现如下：

```
    Mat tpl = left ? leftEye_template : rightEye_template;
    if(tpl.cols() == 0 || tpl.rows() == 0) {
        return null;
    }
    int height = src.rows() - tpl.rows() + 1;
    int width = src.cols() - tpl.cols() + 1;
    if(height < 1 || width < 1) {
        return null;
    }
    Mat result = new Mat(height, width, CvType.CV_32FC1);

    // 模板匹配
    int method = Imgproc.TM_CCOEFF_NORMED;
    Imgproc.matchTemplate(src, tpl, result, method);
    Core.MinMaxLocResult minMaxResult = Core.minMaxLoc(result);
    Point maxloc = minMaxResult.maxLoc;

    // ROI
    Rect rect = new Rect();
    rect.x = (int)(maxloc.x);
    rect.y = (int)(maxloc.y);
    rect.width = tpl.cols();
    rect.height = tpl.rows();

    result.release();
```

```
return rect;
```

当选择眼睛检测菜单选项的时候就会执行上述代码，运行最初几帧的时候会尝试检测，整个眼睛的跟踪过程看上去断断续续，但是经过 1 ～ 2 秒后，就会达到稳定检测跟踪眼睛的状态，原因就是已经取到了模板，检测与模板匹配方法互补大大提高了命中率，使得眼睛看上去一直可以被检测与跟踪到。本节完整的代码都在 EyeRenderActivity 中，读者可以详细阅读并运行使用。

10.5　黑眼球定位

本节将尝试发现黑眼球的位置并将其提取出来，为 10.6 节实现渲染做准备，实现黑眼球定位有两种途径，一种是基于 10.4 节眼睛检测的结果对得到的区域通过颜色特征获取黑眼球的轮廓，另外一种方法就是通过对眼睛候选区域进行颜色特征分析与二值分析，得到黑眼球轮廓。这两种思路方法都是前面已经学习过的内容，下面分别来实现这两种方法，然后通过对比，选择稳定性最好的一种作为最终的算法实现。

1. 二值分析寻找

对已知的眼睛候选区域，通过图像二值化分析，得到眼睛的轮廓区域，然后通过轮廓发现，得到眼球区域，这里为了明显化标识眼球所在的区域，使用绿色对眼球所在的区域进行填充，在 10.6 节中可以根据需要调整填充颜色，通过该方法得到眼球区域有时候会产生误差或者区域黏连等问题，这部分的代码实现如下：

```
    private void detectPupil(Mat eyeImage) {
        if(option < 4) return;
        Mat gray = new Mat();
        Mat binary = new Mat();

        Imgproc.cvtColor(eyeImage, gray, Imgproc.COLOR_RGBA2GRAY);
          Imgproc.threshold(gray, binary, 0, 255, Imgproc.THRESH_BINARY_INV |
Imgproc.THRESH_OTSU);

        Imgproc.morphologyEx(binary, binary, Imgproc.MORPH_CLOSE, k1);
```

```
        Imgproc.morphologyEx(binary, binary, Imgproc.MORPH_OPEN, k2);

        // 轮廓发现
        List<MatOfPoint> contours = new ArrayList<MatOfPoint>();
        Mat hierarchy = new Mat();
         Imgproc.findContours(binary, contours, hierarchy, Imgproc.RETR_EXTERNAL,
Imgproc.CHAIN_APPROX_SIMPLE, new Point(0, 0));

        // 绘制轮廓
        for(int i=0; i<contours.size(); i++) {
            Imgproc.drawContours(eyeImage, contours, i, new Scalar(0, 255, 0), -1);
        }

        gray.release();
        binary.release();
        hierarchy.release();
        contours.clear();
    }
```

只需要在 selectEyesArea 方法中每次绘制眼睛区域之前调用该方法即可，调用的代码如下：

```
    if(option>4) {
        detectPupil(leftEye);
        detectPupil(rightEye);
    }
```

2. 眼球检测寻找

上述方法是直接对眼睛候选区域进行二值分析找到眼球区域，这个方法还有点违背最小化检测原则，其实在使用级联分类器完成眼睛检测之后，就可以利用它得到眼睛区域来进行二值分析与选择。眼球检测寻找方法更加有效，但是该方法依赖于眼睛检测的结果，如果眼睛检测的准确率就不高，则该方法将无法得到眼球的正确位置，但是前面通过模板匹配与级联检测器两个方法让眼睛可以得到连续跟踪，所以此方法应该可以获得比较高的准度。这个时候仍然需要调用 detectPupil 方法，只是输入的子图像变为由眼睛检测得到的区域，这部分的代码需要通过改写 10.4 节的代码来得到，左眼区域绘制与眼球检测代码如下：

```
for(int i=0; i<eyesArray.length; i++) {
    Log.i("EYE_DETECTION", "Found Left Eyes...");
    leftEye.submat(eyesArray[i]).copyTo(leftEye_template);
    detectPupil(leftEye.submat(eyesArray[i]));
    Imgproc.rectangle(leftEye, eyesArray[i].tl(), eyesArray[i].br(), EYE_COLOR, 2);
}
if(eyesArray.length == 0) {
    Rect left_roi = matchEyeTemplate(leftEye, true);
    if(left_roi != null) {
        detectPupil(leftEye.submat(left_roi));
        Imgproc.rectangle(leftEye, left_roi.tl(), left_roi.br(), EYE_COLOR, 2);
    }
}
```

右眼区域绘制与眼球检测代码如下：

```
for(int i=0; i<eyesArray.length; i++) {
    Log.i("EYE_DETECTION", "Found Right Eyes...");
    rightEye.submat(eyesArray[i]).copyTo(rightEye_template);
    detectPupil(rightEye.submat(eyesArray[i]));
    Imgproc.rectangle(rightEye, eyesArray[i].tl(), eyesArray[i].br(), EYE_
COLOR, 2);
}
if(eyesArray.length == 0) {
    Rect right_roi = matchEyeTemplate(rightEye, false);
    if(right_roi != null) {
        detectPupil(rightEye.submat(right_roi));
        Imgproc.rectangle(rightEye, right_roi.tl(), right_roi.br(), EYE_COLOR, 2);
    }
}
```

这里需要注意一下的是，每次保存模板与检测必须在绘制动作之前完成，所以要对 10.4 节的代码稍做修改才可以实现，否则在二值化时容易受到绘制周围线段的干扰。

有时候我们会发现，这两种方法没有绝对的对与错，它们都是处于一定的条件下才会正确工作，所以这里需要对它们进行联合使用，当眼睛检测失败、无法进行模板匹配的情况下，程序就切换到第一种方法，否则就使用第二种方法，检测完整的代码实现请参考 EyeDyeActivity.java 文件。

10.6　渲染与优化

找到瞳孔 / 眼球区域之后，我们就可以适当地进行渲染。最简单的方式就是修改像素值，让眼球呈现不同的颜色，这个看上去是有点恐怖，但还是很值得去做的，能达到很好的效果。另外一个渲染方式就是添加预先设定好的资源图像等，这里就通过调整像素让它的颜色发生轻微而又明显的改变，达到可以显著观察到变化却不至于失真的效果，通过第 9 章对模板进行高斯模糊生成权重系数的技术对眼球区域进行深度渲染，然后叠加融合，这样就会比较真实。之后从整体性能的角度讨论一下如何优化该程序，提高稳定性与程序性能，避免内存消耗等问题。

1. 渲染实现

在 Activity 中创建一个新方法 renderEye，然后将上一步中得到的二值图像作为 mask 图像，首先通过高斯模糊归一化到 [0 ～ 1] 之间，然后使用它作为权重完成对眼球区域像素的修改与融合叠加，最终输出结果。方法代码实现如下：

```
//Core.add(eyeImage, new Scalar(100, 30, 10), eyeImage, mask);
Mat blur_mask = new Mat();
Mat blur_mask_f = new Mat();

// 高斯模糊
Imgproc.GaussianBlur(mask, blur_mask, new Size(3, 3), 0.0);
blur_mask.convertTo(blur_mask_f, CvType.CV_32F);
Core.normalize(blur_mask_f, blur_mask_f, 1.0, 0, Core.NORM_MINMAX);

// 获取数据
int w = eyeImage.cols();
int h = eyeImage.rows();
int ch = eyeImage.channels();
byte[] data1 = new byte[w*h*ch];
byte[] data2 = new byte[w*h*ch];
float[] mdata = new float[w*h];
blur_mask_f.get(0, 0, mdata);
eyeImage.get(0, 0, data1);

// 高斯权重混合
for(int row=0; row<h; row++) {
```

```
        for(int col=0; col<w; col++) {
                int r1 = data1[row*ch*w + col*ch]&0xff;
                int g1 = data1[row*ch*w + col*ch+1]&0xff;
                int b1 = data1[row*ch*w + col*ch+2]&0xff;

                int r2 = (data1[row*ch*w + col*ch]&0xff) + 50;
                int g2 = (data1[row*ch*w + col*ch+1]&0xff) + 20;
                int b2 = (data1[row*ch*w + col*ch+2]&0xff) + 10;

                float w2 = mdata[row*w + col];
                float w1 = 1.0f - w2;

                r2 = (int)(r2*w2 + w1*r1);
                g2 = (int)(g2*w2 + w1*g1);
                b2 = (int)(b2*w2 + w1*b1);

                r2 = r2 > 255 ? 255 : r2;
                g2 = g2 > 255 ? 255 : g2;
                b2 = b2 > 255 ? 255 : b2;

                data2[row*ch*w + col*ch]=(byte)r2;
                data2[row*ch*w + col*ch+1]=(byte)g2;
                data2[row*ch*w + col*ch+2]=(byte)b2;
        }
    }
    eyeImage.put(0, 0, data2);

    // 释放内存
    blur_mask.release();
    blur_mask_f.release();
    data1 = null;
    data2 = null;
    mdata = null;
```

上述代码实现了对眼球部位的渲染与叠加，仔细观察就会发现黑眼球的颜色稍微变红，这就表明对眼球的渲染叠加效果起作用了。

2. 程序优化

要对上述整个程序进行优化，就要对本章各节所涉及的每个知识点与算法代码实现整体流程做一个简单的回顾，整个流程绘制如图 10-4 所示。

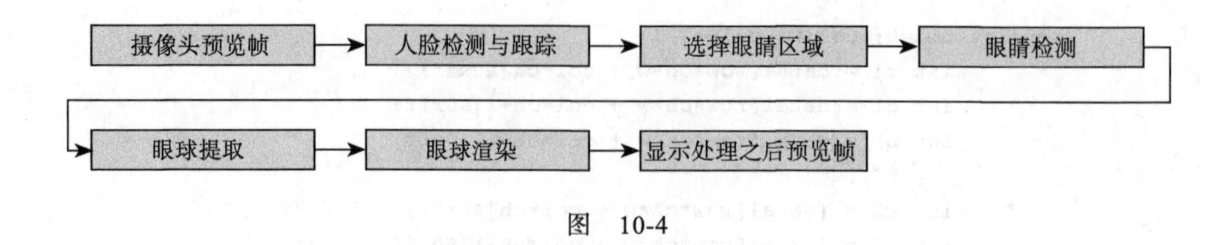

图　10-4

针对图 10-4 所示的各个步骤，可以通过如下方式提供性能、速度与稳定性。

- 对预览帧的灰度图像使用直方图均衡化加强对比度，提高级联分类器检测率。
- 眼睛区域选择，尽量缩小选择范围，应用人脸生物学特征比例。
- 眼睛检测，使用模板匹配提高检测率与运行稳定性。
- 眼球提取，基于整体和眼睛检测 BOX 区域二值分析提取眼球。
- 使用高斯权重混合像素。
- 注意使用完 Mat 对象后应及时调用 release 方法释放内存。
- 使用 LBP 人脸级联检测文件，提升人脸检测速度。
- 将常量与经常使用的变量定义为全局变量，使用内存缓存，加快计算速度。
- 使用条件判断语句，处理每步输出异常，避免程序崩溃。

这里需要特别注意的是，预览帧出来的图像是四通道的 RGBA 的图像，与直接通过 imread 得到的 BGR 三通道的图像在通道顺序上稍有不同，因此在灰度化与操作像素值的时候需要特别小心通道顺序。

本章到本节为止，已经实现了人眼实时跟踪与渲染的各个步骤代码，整个程序就可以运行了，查看本章的源代码，在 Android 系统手机上运行与使用以查看到运行效果。

10.7　小结

本章详细剖析了一个 AR 演示程序案例，从如何实现人脸检测与跟踪到眼睛区域选择定位、眼球发现提取、最后的渲染与显示，所涉及的内容几乎覆盖前面各个章节所讲的知识，这些知识点包括级联分类器、模板匹配、图像模糊、mask 遮罩层使用、图像对比度提升、二值图像处理、NDK 层代码编写、开发编译与运行、摄像头使用等。正是基于这些所学知识的灵活运用，我们达成了本章的既定目标，完成了整个代码的编写。要想对上述各步游刃有余、合理使用，需要读者不仅能理解这些知识点而且还要掌握它的应用场景与场合，这样才可以达到学以致用，提高解决实际问题的能力。

本章是本书的最后一章，对本章知识的学习和掌握是读者对前面所学知识点的最好考察与测试，如果读者在学习本章内容时发现对某些知识点还不清楚，可以查看本书其他相关章节来复习巩固。

推荐阅读

深入Android应用开发：核心技术解析与最佳实践

作者：苗忠良 等著　ISBN：978-7-111-37957-7　定价：79.00元

内容简介

如何才能真正进阶为Android应用开发高手？必须深入理解Android核心技术的底层原理和在开发中总结并使用各种最佳实践，别无他法！本书以Android的源代码为主，SDK为辅，针对应用开发者的需求，对各种核心技术的使用方法、底层原理和实现细节进行了深入而详细的讲解，同时辅之以大量案例和最佳实践，为开发者的进阶修炼和开发高质量的应用提供了绝佳指导。

Android开发精要

作者：范怀宇 著　ISBN：978-7-111-39058-9　定价：69.00元

内容简介

这如何才能写出贴近Android设计理念、能够更加高效和可靠运行的Android应用？通过Android的源代码去了解其底层实现细节是最重要的方法之一！

AIR Android应用开发实战

作者：邱彦林 著　ISBN：978-7-111-39177-7　定价：69.00元

内容简介

本书由资深Adobe技术专家兼资深Android应用开发工程师亲自执笔，既系统全面地讲解了如何利用Adobe AIR技术开发Android应用，又细致深入地讲解了如何将已有的基于PC的AIR应用移植到Android设备上。不仅包含大量实践指导意义极强的实战案例，而且还包括大量建议和最佳实践，是系统学习AIR Android应用开发不可多得的参考书。

推荐阅读

计算机视觉：模型、学习和推理

作者：Simon J. D. Prince 译者：苗启广 等ISBN：978-7-111-51682-8 定价：119.00元

计算机与机器视觉：理论、算法与实践（英文版·第4版）

作者：E. R. Davies ISBN：978-7-111-41232-8 定价：128.00元

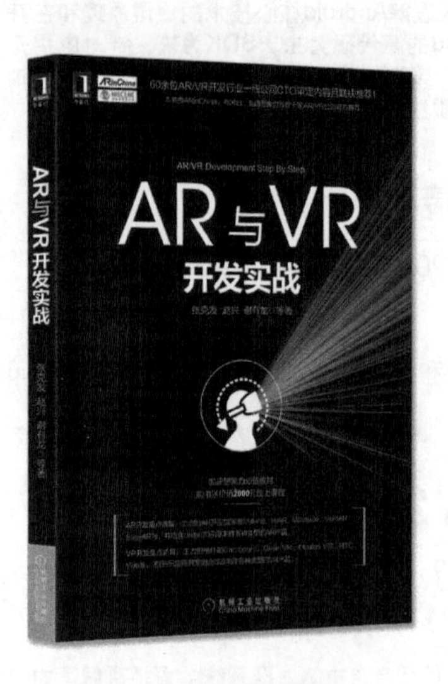

AR与VR开发实战

作者：张克发 等 ISBN：978-7-111-55330-4 定价：69.00元

VR/AR/MR开发实战——基于Unity与UE4引擎

作者：刘向群 等 ISBN：978-7-111-56326-6 定价：129.00元